华侨大学外国语学院校友基金资助出版

混合绘图技术
设计过程及案例展示

[美] 吉尔伯特·戈尔斯基（Gilbert Gorski） 著
曾珠璇 译

电子工业出版社
Publishing House of Electronics Industry
北京·BEIJING

HYBRID DRAWING TECHNIQUES: DESIGN PROCESS AND PRESENTATION By
GILBERT GORSKI

© 2015 Taylor & Francis

All Rights Reserved. Authorized translation from English language edition published by Routledge, an imprint of Taylor & Francis Group LLC. Publishing House of Electronics Industry is authorized to publish and distribute exclusively the Chinese (Simplified Characters) language edition. This edition is authorized for sale throughout Mainland of China. No part of the publication may be reproduced or distributed by any means, or stored in a database or retrieval system, without the prior written permission of the publisher. Copies of this book sold without a Taylor & Francis sticker on the cover are unauthorized and illegal.

版权所有，侵权必究。本书原版由Taylor & Francis Group出版集团旗下的Routledge出版公司出版，并经其授权翻译出版。中文简体翻译版授权由电子工业出版社独家出版，并限定在中国大陆地区销售。未经出版者许可，不得以任何方式复制或发行本书的任何部分。本书封面贴有Taylor & Francis公司防伪标签，无标签者不得销售。

版权贸易合同登记号 图字：01-2016-4619

图书在版编目（CIP）数据

混合绘图技术：设计过程及案例展示 /（美）吉尔伯特·戈尔斯基（Gilbert Gorski）著；曾珠璇译 .—北京：电子工业出版社，2020.6
书名原文：Hybrid Drawing Techniques: Design Process and Presentation
ISBN 978-7-121-38551-3

Ⅰ．①混… Ⅱ．①吉… ②曾… Ⅲ．①建筑画－绘画技法 Ⅳ．① TU204.11

中国版本图书馆 CIP 数据核字 (2020) 第 031747 号

责任编辑：郑志宁
文字编辑：杜　皎
印　　刷：中国电影出版社印刷厂
装　　订：中国电影出版社印刷厂
出版发行：电子工业出版社
　　　　　北京市海淀区万寿路 173 信箱　　邮编：100036
开　　本：880×1230　1/16　印张：15.75　字数：380 千字
版　　次：2020 年 6 月第 1 版
印　　次：2020 年 6 月第 1 次印刷
定　　价：89.00 元

凡所购买电子工业出版社图书有缺损问题，请向购买书店调换。若书店售缺，请与本社发行部联系，联系及邮购电话：(010) 88254888，88258888。
质量投诉请发邮件至 zlts@phei.com.cn，盗版侵权举报请发邮件至 dbqq@phei.com.cn。
本书咨询联系方式：010-88254210，influence@phei.com.cn，微信号：yingxianglibook。

混合绘图技术

《混合绘图技术：设计过程及案例展示》一书探讨了如何将传统手绘和数字技术相结合，在简化过程、提高设计效率的同时制作出高质量的设计效果图，再次证明了传统手绘在设计中的价值。该书展示了许多专业建筑师和学生的设计作品，一步步图解如何混合使用传统绘图方法和数字技术。不管你是准备采用传统的素描、硬笔线描、透视绘图法，还是采用最新的数字技术及 Adobe Photoshop 软件，该书都不啻为一本基础的入门书籍。该书还会教你如何通过用色、构图、光影等技巧来进一步完善设计图稿。你可以访问本书的电子资源网站 www.routledge.com/9780415702263，下载不受版权限制的图片，包括色调图样、水彩色块，以及各种人物、树木和天空的图片。

吉尔伯特·戈尔斯基是一位注册建筑师，也是美国圣母大学的副教授。他获得过美国建筑师协会颁发的国家级合作成就奖，并曾两次获颁美国建筑绘图家协会的休·费理斯纪念奖。除圣母大学外，他还在伊利诺伊理工大学和芝加哥艺术学院的工作室授课。

"戈尔斯基这本插图丰富、赞美当代表现艺术的书犹如一个高级讲习班，专门讲授如何运用数字绘图技术和其他类似技术。从用画笔一描到用鼠标一点，这本书不仅讲述已被证明可行的绘图方法，而且引导人们对新的绘图方法进行策略性思考。对于那些正纠结于如何在数字时代重新定位手绘的人来说，这本书无疑是必买的实用指南。"

——吉尔·斯奈德（美国威斯康星大学密尔沃基分校建筑系教授）

"戈尔斯基这本书及时而又意义重大，他开拓性地将传统绘画技艺和数字媒介结合在一起，从而站在了当代视觉设计领域的最前沿。"

——保罗·史蒂文森·奥利斯

（美国建筑师协会会员，新墨西哥州界面设计公司负责人）

"戈尔斯基是当代世界最优秀的建筑插画师。他极具天赋，所绘作品不仅充满美感和力量，而且总能给人以启迪。他还是一个开拓者。此时握在你手中的是一幅绘制精美的地图，是一条专门通道，引导你发挥数字技术创造力，创作出最出色的作品——足以超越前辈大师们最杰出作品的建筑设计。"

——小亨利·E. 索伦森（美国蒙大拿州立大学建筑学院教授）

"戈尔斯基具有艺术天才的敏锐。他满怀热忱，无拘无束，将手绘建筑图稿和能产生无数可能性的计算机绘图技术结合在一起，并用丰富的图例证明'跨学科'所代表的意义。该书蕴含的这一简单而又具有根本意义的理念，足以使其成为所有研究和学习建筑绘图的人应拥有的标准参考书。"

——谢尔盖·卓班（德国建筑师联盟建筑师）

"戈尔斯基这本不可多得的专著说明优秀建筑与绘图技艺密不可分，这些技艺是在反复修改直至最后绘制出优秀设计图稿的过程中掌握的。也就是说，我们绘制的图稿体现了我们要建筑的实物，因此绘制图稿的方式成为体现审美思考的关键。我相信熟练地绘图能够帮助我们盖出好的建筑。"

——邓肯·麦克罗伯特（美国邓肯·麦克罗伯特公司负责人）

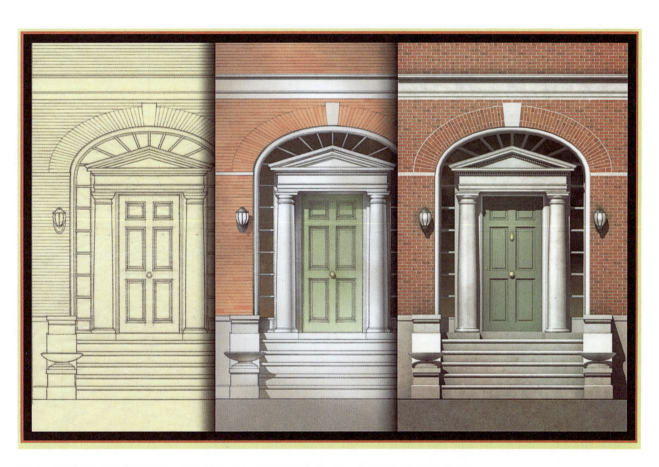

门廊：草图纸上的传统手绘稿、用数字技术上色的传统图稿和用三维数字模型绘制的图稿

目录

ix 前言
xi 致谢

1 第一章 开篇
1 　　为什么混合使用不同绘图技法
5 　　数字绘图工具
8 　　传统绘图工具

11 第二章 传统绘图技法
11 　　速写和素描的重要性
14 　　一切始于线条：如何绘制富有感染力的设计图
18 　　徒手绘图
18 　　　　练习：画鞋子
21 　　　　练习：徒手画平行线
22 　　　　画人物素描
24 　　　　根据实物画几何图形
27 　　借助工具绘图
27 　　　　练习：画轻重平均的线条
28 　　　　根据实地测量绘制比例图

31 第三章 透视图
34 　　示例：如何画两点透视图
37 　　示例：如何用估计透视法画透视图

44 第四章 数字扫描技术
44 　　扫描作品原图

51 第五章 数字色彩
51 　　数字化色彩的先例
57 　　Photoshop 入门知识

目录

71	**第六章**	**上色混合技法**
71		示例：平面图上色法
93		示例：立面图上色法
114		示例：建筑外景图上色法
120		示例：建筑室内图上色法
127		示例：Photoshop 高级使用技巧
136		示例：给用 SketchUp 创建的模型渲染着色
147	**第七章**	**过程解说：设计时如何混用不同技法**
147		示例：设计过程中使用不同技法的顺序
156		示例：利用三维建模作为探索工具
161		草图与三维建模的结合使用
167	**第八章**	**光与影**
167		太阳位置的设定
169		构建阴影部分
173		反射光
183	**第九章**	**构图技巧**
201	**第十章**	**配色技巧**
202		技巧 1：消除色差
202		技巧 2：消除色差后再加上一点淡淡的色彩
203		技巧 3：不饱和单色配以对比色
204		技巧 4：使用单色
204		技巧 5：使用全彩色
209	**第十一章**	**例图集锦**
209		专业建筑师作品
226		学生作品
235	附录	建筑配景参考图片
237	参考文献	

前言

以前,许多人对计算机还一无所知,如今却已经离不开计算机了。我们正处于一个非常重要的历史时期,数字技术挑战着人们长久以来的传统习惯,无论学习、创作还是交流。

或许中世纪传统建筑业者建房子的方法依然是最好的,即等到太阳升起,来到工地,就直接动手盖房子。那些建筑大师凭借几代人积累下来的实际经验,能在头脑中直接想象出房子的样式。他们建造出来的房子充满美感,至今仍被人们赞叹。现在,我们已经不能用这种方法建造房子了,因为现代世界更加复杂,所需的是各种各样的专业人士。建筑师和设计师是不亲手建造房子的,他们需要其他人来实施自己的想法,将其变为现实,这就造成想法和现实脱节,而建筑师用于预测现实的工具总有一些缺憾,使这种脱节现象更为严重。每种工具都有优缺点,都以不同方式极大地影响着建筑师的设计过程。

在过去 500 年里,建筑设计一直受到传统正射投影和透视画法的深刻影响。但是,在极短的时间里,数字技术取代了传统的绘图方式。计算机提供的设计可能性是传统工具无法比拟的,但我认为计算机的被接受度如此之高,主要在于它刚好契合了现代社会追求效率的趋势——如果不使用计算机,人们就会在激烈的市场竞争中败下阵来。但是,在某些领域,如艺术领域,却有一些无形的东西不能用时间或金钱来简单衡量。

认知理论和神经系统科学的研究进展,对长期以来人们所接受的勒奈·笛卡儿的理论提出了质疑。笛卡儿认为自我意识就是一种自我与肉体分离的状态——正如莫里斯·梅洛-庞蒂在《知觉现象学》[1]一书中指出的,意识是通过"具体化的"经验体现的。在这些经验中,身体、思维和感官功能都参与其中。如果我们创造的艺术有助于我们寻求生命的意义,那么创造艺术的过程就应该包含具体的探寻方法:"手应该指挥大脑,正如大脑可以指挥手一样。自发的动作是思想和有意识行为的基础。"[2]

目前,在工作初期只使用传统绘图方法,后来开始使用数字技术,这样的建筑设计师越来越少了。因此,建筑师对这两种绘图技法所具有的独一无二的对比视角很快就会消失。

前言

在《混合绘图技术：设计过程及案例展示》一书中，我主张建筑设计师应该同时掌握传统绘图和数字绘图这两种技能。对于设计师，尤其是对于那些刚开始工作的新手来说，这无疑是很高的要求。本书所举的例子或许最能证明混合使用不同绘图技法的必要性。这些例子说明了如何有效地将传统绘图技法和数字绘图技术结合使用，并且还能鼓励设计师重新发现手绘设计图的好处。

本书的编排遵循循序渐进的原则，每个章节都是在前一章节的基础上展开的。或许有的读者会觉得我更喜欢传统绘图方式，但实际上20多年来我在工作中大量使用计算机，并且相信计算机技术对建筑设计至关重要，我所担心的是传统绘图技术正被人们遗忘。我不仅是一位客座设计顾问、建筑绘图师，还是一名教育工作者，这使我能够比别人更多地接触到全美各地的建筑公司和建筑学院，我发现许多——即便不是大多数——建筑公司和学院已经基本摒弃传统绘图方法了。

了解并掌握传统绘图技术的重要性是混用不同绘图技术的前提和基础。在工作过程中，通常是先使用传统方法，后使用数字技术。因此，我在本书的第一部分讨论前者，在第二部分讨论混用两者的方法。此外，我还会讨论非技术性的问题，包括光影、构图和配色。艺术是技术和洞察力的结合，如果只讨论绘图技术，或只讨论光影、构图和配色问题，读者就无法完全了解获得我所说的设计效果应该具备什么样的条件。除简要介绍三维建模软件之外，我并不会介绍计算机辅助绘图和三维建模的应用技术。因为有许多这方面的软件可供选择使用，而且它们一直在不断地升级，所以本书内容无法将其囊括其中。

本书涉及的一些内容在其他书籍中已有更详尽的介绍，因此我尽量让本书内容简洁。本书的目的是帮助新手尽快熟练掌握如何同时使用不同的绘图技法，为突出重点，我并不会探讨其他更为省时或者可以获得某种设计效果的方法。因为数字软件不断进行更新和升级，所以我所提出的一些方法或许需要调整和改进。

注释

1. Merleau-Ponty, M., *Phenomenology of Perception*, Routledge (London and New York),1962.
2. Wilson, F. R., *The Hand*, Vintage Books (New York),1999, p. 291.

致谢

在这本书写作过程中，我得到了很多人的帮助，在此对他们表示衷心的感谢。在与丹尼斯·阿兰、韦斯利·佩奇等插画师和建筑师的交谈中，尤其是与克里斯托弗·格拉布斯的交谈和讨论中，他们深刻的见解给了我灵感，让我得以形成本书中的一些观点。斯科特·鲍柏格慷慨大方，书中有一小节由他创作，图文并茂地详细阐释了如何利用 SketchUp 模型对图稿进行渲染。本书接近完成的时候，我的同事和朋友们或通读了全稿，或阅读了部分内容。易卜拉欣·沙班和威尔·布鲁斯科特是圣母大学信息技术方面的专家，他们对计算机软件、硬件方面的技术问题提出了建议。对于传统插图和数字插图的关系，罗伯特·贝克尔提出了一些富有见地的观点。圣母大学的艾伦·迪佛利斯教授和丹尼斯·图尔丹教授也给予了本书非常宝贵的建议。我要特别感谢芝加哥西北大学的名誉教授詹姆斯·帕克，他仔细阅读了终稿。本书难免存在一些欠妥之处，如语法错误，恳请读者批评指正。

最后，我想感谢以前教过的学生，他们所做的尝试，甚至犯的错误，对我都是一种助力，帮我形成并完善了书中的插图，甚至让我从中学到了知识。

谨以此书献给我的学生。

第一章
开篇

思想一旦脱离传播媒介，就与形成它们的历史因素相分离了。

—— E. L. 爱森斯坦[1]

为什么混合使用不同绘图技法

现在，许多建筑设计师只使用数字技术，另外一些设计师则同时使用传统和数字两种绘图技术，只有少数设计师坚持只使用传统方法。

那些只使用传统绘图方法的设计师忽略了这样一个基本事实：要让设计图富有表现力，用于传播和表达设计思想的媒介也不能脱离这些思想的形成过程。当今社会，几乎所有想法理念都是用数字技术表达的，非数字形式的传播方式越来越边缘化。仅用传统方法完成设计图的建筑师显然没有意识到媒介与信息之间的重要联系。

那些只使用数字技术的设计师同样忽略了这样一个基本事实：要让设计图富有表现力，用于传播和表达设计思想的媒介也不能脱离这些思想的形成过程。人也是媒介，人与人之间的互动，以及人与环境之间的互动使我们的生命变得有意义。如果只用数字技术绘制设计图，就是忽视了媒介与意义之间的重要联系。

自文艺复兴以来，人们开始将建筑图样绘制在纸张上，这使建造房子从原来的体力劳动跃升为脑力劳动。有关建筑的著述作为人类思想的体现，也开始在图书馆书架上占有一席之地。传统手绘设计图一直备受重视，因为它们最能体现设计师的设计思路。[2] 手绘设计图的作用和传统绘画是一样的，"人们可以从绘画作品中看出画家作画的轨迹，这就缩短了画家创作画作与观众欣赏画作之间的时间差"。[3] 实物建筑模型是另一个重要工具，但它们并不能像手绘设计图一样直接反映设计师的想法，因为实物模型通常是由助手制作的。与此相反，数字化的建筑模型则常常是设计师亲自制作完成的，是设计师能够直观、高效探求理想设计方案的强有力工具。但是，使用数字技术就意味着减少使用传统绘图法，这也使数字模型成为了解设计师思路的唯一途径。不管这些数字模型是呈现在屏幕上的一个图像，还是用计算机制作出的一个打印稿，它们都无法像传统手绘设计图一样让我们与设计师的创意思维亲密接触。

开篇

任何艺术，无论诗歌、舞蹈，还是音乐，个人表达都是通过各种媒介手段——如文字、人体、乐器——或细腻或夸张地实现的。五个世纪以来，建筑师主要通过传统手绘设计图来研究如何使用光影、如何处理块面和比例问题、如何协调构图，手绘这一媒介能够帮助建筑师表达细微差别。尽管计算机有各种各样的优点，但想要表达建筑师或细腻或夸张的构思，却无法轻松做到。不过，传统手绘图会因作画人不同而总是略有差异，而计算机制作出来的二维图、三维图则几乎一模一样。既然使用可视化技术工具能够产生相似图像，那么，使用相同的技术就不会制作出差不多的设计图吗？

创意思维要发挥最佳水平，必须有随机变量参与。有些建筑设计师已经找到方法，运用数字技术在设计过程中重新引入偶然性和风险因素。他们主要利用软件编码来进行创新，带来了意想不到的结果，他们就像编辑器一样，应对计算机产生的各种意想不到的问题和突发情况。与更直接地被人类智慧掌控的传统绘图方式相比，这一方法脱离了社会记忆，制作出来的设计图，除一些零散的雕塑碎片之外，还常常是一些不能运用到实际建筑中的图样。

数字技术能为建筑设计师提供便利，帮助他们探索视觉效果的种种可能性，如透明与反光、纹理与颜色、光与影、太阳与观众的运动，而这是传统绘图技法永远无法做到的。但是，这样的探索试验要求设计师具备熟练的技能。遗憾的是，很少有设计师愿意花费精力去掌握这些技能。大部分设计师大约分为两类，一类是使用复杂高端软件来摸索新图样的新颖度，另一类则满足于使用建模能力比较低的软件，要么是因为他们已经掌握了建筑信息模型（BIM）技术，要么是因为这样的软件易学、便宜，甚至是免费的。追求设计效率的压力无时不在，为应对压力，这两类设计师都接受了利用计算机就得使用预先确定的解决方案的现实：过度依赖已有的三维图像，过度使用某些能够快速出图，却舍弃较难驾驭的设计方案的工具，越来越依赖软件内置的各种人工智能来简化或消除设计过程中所需的人工技术和决策因素。

现代媒体对数字图像的接受程度加快了人们利用虚拟图像替代现实的趋势，便利性则催生了大量有助于此种趋势的数字技术。为弥补界面缩小造成的局限性，数字媒体更喜欢形象鲜明的图案，如线条分明的几何图形、强烈的对比、鲜艳的色彩，这就意味着要牺牲掉那些刻画得更为精细的，需要亲身接触才能欣赏的图案。

图 1.1
绘图混合技法:首先用手绘草图体现构思,然后用数字技术工具确认和完善,最后定稿

开篇

传统手绘和数字技术在设计过程中都占有一席之地。了解这两种绘图方法的优点和缺点是掌握如何在设计过程中同时使用两种技术的关键,也是了解为什么两者混用的关键。

传统手绘的局限性

1. 偏爱以正射投影方式呈现的概念,如平面、截面和立面。
2. 将在二维环境中制作三维物体的过程抽象化了。
3. 要绘制一个复杂的二维和三维几何结构有较大难度,如复杂精细或重复性的图案和细密的纹理结构。
4. 传统绘图方法难以运用到数字环境中。
5. 绘制出的图像只有单一视角。
6. 只聚焦一个人的创意。
7. 个性化表现手法容易导致主观性评价。
8. 需要多年练习才能掌握手绘技术。
9. 运用的综合分析能力有限。
10. 一旦完成,难以修改。
11. 不易将建筑各部分或建筑群组合在一起。
12. 有风险;像绘图工具和绘图技巧这样的不确定因素都可能产生不可预测的结果。

传统手绘的优点

1. 速写能够降低吸收同化的速度,让其他感官增强体验,从而形成更好的视觉记忆。
2. 使左脑的动手能力与右脑的思维任务相互匹配。[4]
3. 熟练的手眼配合有助于加强肌肉记忆;一旦学会绘画,就永远忘不了。
4. 设计过程受制于人体生物学。
5. 手绘是自发行为,与大脑活动密切相关。
6. 强调个性化表达;没有两个人会画出一模一样的作品;如果手绘作品是独一无二的,那么作品所要体现的建筑设计也会是独一无二的;独一无二的设计图总是令人难忘。

计算机绘图的优点

1. 可呈现或量化有机的或不规则的物体,不会受制于二维表现手法。
2. 便于在准三维环境中制作一个三维物体。
3. 任何想象得到的物体都可以在数字环境中真实模拟出来。
4. 数字环境就是衡量标准。
5. 能够用动画形式模拟运动。
6. 能够将不同设计师的设计衔接起来,并将其整合。
7. 标准化表现手法可以进行客观评价。
8. 可以用较短时间掌握如何使用相关的计算机软件。
9. 可用于分析材料和数字环境的表现。
10. 易于修改设计稿。
11. 易于将建筑各部分或建筑群组合在一起。
12. 减少风险;标准化工具能够保证结果可以预测。

计算机绘图的局限性

1. 数字图像可以即刻形成,不利于记忆;摄像机和人观察事物的方式不同。
2. 无法使左脑的动手能力(如将键盘命令排序)与右脑的思维任务相互匹配。
3. 键盘占主导作用;如果不经常练习,就会忘记键位和顺序。
4. 设计过程受制于人体生物学。
5. 人脑和机器之间的界面缺乏细微差别。[5]
6. 压抑了个性化表达;所有利用计算机辅助设计制作出来的设计图都很相似;如果在数字环境中制作出来的图像大多相同,那么这些图像所描绘的建筑设计可能也是相似的;相似的设计图无法让人记住。

开篇

7. 手绘设计图会有突发灵感，画风可以抽象，设计意向可能模糊或不确定。

8. 手绘草图允许通过即兴设计来激发灵感；脑海里有想法，就随手描绘下来。

9. 看到整幅设计图就能立即看出部分与整体的比例关系。

10. 从小幅草图开始到更完整的设计图，传统手绘过程就是先考虑整体设计构思，再关注细节。

11. 建筑手绘图稿始于文艺复兴时期，其对设计过程施加的压力显而易见。

12. 那些层叠的图稿、擦掉的线条、不确定的线条、白描线条就像模拟指针式钟表上的时间一样，将设计师与设计过程以及过去、现在与未来联系在一起。

13. 专业绘画技巧使设计师能够掌控设计过程。⁶

14. 三万五千年以来，人类交流的方式已经发生很大变化，并成为我们文化的一部分。

15. 设计有风险，像绘图工具和绘图技巧这样的不确定因素都可能带来不可预测的结果。

7. 图稿看起来像是已经完成了。

8. 大部分新想法都是源于软件更新或意外发现；计算机制作出的图稿并非人脑所能预测的。

9. 图像快速放大、缩小会破坏比例感，以及部分与整体的关系。

10. 同时关注整体构思和细节。

11. 要选出在计算机屏幕上看起来最好的设计，要控制多边形的数量和计算机处理的速度，并且只能依靠价格便宜的软件——这种软件出图快，但选择有限，这些因素都对设计的创意过程施加了微妙而极为明显的压力。

12. 就像数字时间一样，计算机辅助设计只体现现实的当下状态，并不能体现设计的整个完整过程。

13. 由于计算机技术逐渐变得容易掌握，计算机绘图技巧也因此变得平常无奇，从而削弱了设计师的权威；客户也可以自己成为建筑设计师。

14. 交流方式不同于传统，并在不断发展演变中，并非完全被人了解。

15. 消除风险因素；标准化工具保证结果是可以预测的。

数字绘图工具

在数字环境中设计，需要具备以下硬件设备：
- 计算机、键盘、鼠标
- 备用外置硬盘
- 扫描仪
- 显示器
- 打印机
- 数码绘图板

本书内容有限，无法深入探讨上述设备；我的目的只是为新手提供足够的信息，让他们在使用和购买这些设备时不至于一无所知。

计算机

购买计算机时要注意以下部件：

- 中央处理器（CPU）：处理器速度以兆赫计算，代表 CPU 处理指令的速度，但其他硬件也会影响计算机整体运行速度。计算机具有多个处理器，就能同时运行多个程序。
- 主板：主板是计算机的主要电路板，上面有 CPU 和内存，并将计算机其他部件连接在一起，如内置硬盘驱动器和外部设备。
- 随机存取存储器（RAM）：计算机用于完成指令所需的临时内存。要运行制图和三维建模应用这样需要大量内存的程序，内存必不可少。一般来说，内存越大越好，虽然有些软件并不能利用多余的内存。
- 硬盘驱动器：存储软件应用程序和个人文件的地方。固态驱动器比使用活动部件的驱动器优点多得多：运行速度更快，更安静，更耐用，更抗损。
- 显卡：除内置于主板上的显卡外，一个性能更高的外置显卡有助于制作高分辨率的图像或三维建模应用等操作。

这些部件的性能都会影响计算机整体性能。除三维建模外，你只要有一台中等配置的台式计算机或笔记本计算机就可以完成本书中所有示例操作。当然，配置更高的计算机工作效率会更高，毕竟时间宝贵。如果你要进行三维建模，所需计算机系统就应该像游戏玩家使用的一样。

备用外置硬盘

随着制作的文件越来越多，越来越大，很多人很快就会发现自己计算机的内置硬盘存储空间不够用了。即便不用担心存储空间不足，将储存在内置硬盘上的信息和文件备份，也很重要。虽然计算机内置硬盘不会随时损坏，但这种可能性确实存在，硬盘一旦损坏，里面存储的所有信息都会丢失。如果没有一些防范措施的话，那真的很不明智。事实上，最好的办法就是将重要文件备份在两个外置硬盘上，可以是个人移动硬盘，也可以是一些网站提供的"云"存储。如果把文件都备份在移动硬盘上，就留一个硬盘在家里或办公室，另一个随身携带。这样，即便你的计算机和一个移动硬盘放在一起，又同时丢了或被偷，至少另一个移动硬盘还在。移动硬盘的体积越来越小，价格也越来越便宜，容量却越来越大，但却容易损坏，掉在地上就有可能坏掉。因此，"云"存储越来越受到人们的欢迎，它允许多用户使用，还可以提供无限的存储容量。

在运行大的三维应用程序时，并不总是在外置硬盘上进行，而是先将文件复制到计算机桌面上，在计算机桌面上操作，等完成以后再把文件备份到外置硬盘上。

扫描仪

关于扫描仪和扫描技术，请参考第四章内容。

显示器

显示器尺寸越来越多，色彩越来越逼真，价格也越来越便宜。作为与数字媒体连接的关键一环，显示器性能无疑是越来越高了。但是，我们必须意识到所有显示器的显示效果都会有所不同；同一图像，在一台显示器屏幕上看着满意，在另一台显示器屏幕上就可能不令人满意了。这种区别有时可能是因为色彩显示问题，但更主要的还是屏幕对比度问题。因为我们总是不断地交换图像，所以任何图像都不能只适用于一台显示器，还应该能加以调整以适应其他计算机显示的一般要求。在设置显示器时，将其显示效果同其他几台显示器对比一下，可以避免将一些参数设置得过于极端。

打印机

比起显示器来，打印机更具有不确定性，没有两台打印机能够打印出一模一样的东西。即便是同一台打印机，使用一段时间之后，打印出来的效果也会有所变化。因此，我们必须接受这样的事实：显示器上显示的图像都会有别于——有时甚至迥然不同——打印出来的图像。我们有办法，可利用一些硬件设备校准显示器，使其显示的色彩与打印机打印出来的一致。通常，最好的办法就是试着打印几张原图的局部。一般只需校准对比度，但有时需要同时校准颜色。在校准图像时，需要先保存一份原稿，然后用复制稿进行调整，因为为打印效果进行调整的图像在显示器上看起来未必同样令人满意。

有些打印机可以用厚的纹理纸张或插图纸板进行打印，有些甚至可以使用不褪色的防水油墨，这就让我们有机会继续在数字印刷图像上使用水湿介质。我们无法预测用数字技术保存的图像能够保存多久，为谨慎起见，最好将重要图像用不褪色的油墨打印在无酸档案纸上。

数码绘图板

用鼠标没办法画好图。传统手绘方法让绘图者有更大的自主性，但数码绘图板让数字环境下的手绘图成为可能。第一次使用数码绘图板的人可能觉得盯着计算机屏幕而非笔端很别扭，但只要稍加练习，大多数人很快就能适应。有些数码绘图板是压力感应的，线条在画出来的同时就能改变粗细。传统绘图依靠纸张表面的纹理提供的阻力，使铅笔或钢笔在画线条时不会打滑。数码绘图板的屏幕相当"滑溜"，一些手写笔带有可更换的毛毡笔头，多少可以弥补缺失的阻力。屏幕大一些、价格贵一点的数码绘图板绘图效果最好，而一些入门级的数码绘图板压根就没法使用。触摸屏显示器可以让设计师在计算机屏幕上很好地绘图，其感受类似看着画笔的笔尖描绘线条。我本人有一台这样的计算机，但还是觉得用数码绘图板绘图更舒适。

软件

选用什么样的软件全凭个人喜好，各种不同软件都可以绘制出很出色的作品。本书收录的我自己绘制的设计图都只使用了两种软件：用来上色和处理图像的 Photoshop 软件，以及用来绘制和渲染三维模型的 Form-Z 软件。

任何想购买或学习如何使用三维建模软件的人，最好先想想自己准备用这个软件绘制出什么样的模型。一般来说，软件功能越强，建模和动画功能也就越好，但有些软件的学习周期比较短，而有的软件构建有机形态的能力比较突出，其他的软件则拥有出众的渲染引擎。以下是一些值得推荐的软件：

- Autodesk Maya 和 Rhinoceros 3D：这两款软件都很受欢迎，特别是受那些需要制作有机形态建筑模型的设计师欢迎。
- Houdini 和 Autodesk 3ds Max：这两款软件被很多人认为是相当好的建模软件；Autodesk 3ds Max 因其出众的渲染能力而为人所知。
- Form-Z：这款软件最初是建筑师们为绘图方便而开发的，它有良好的建模能力，能够很好地操控处理视图。现在，这款软件经过重新设计，更加便于学习和使用。
- Cinema 4D：许多人喜欢这款软件，因为学得快，用途广，易于使用。
- Revit：学会这款软件，需要花费一些时日，但有很多建筑公司设计师在使用，主要因为它是专为建筑信息模型（BIM）构建的。
- SketchUp：一款免费软件，易于掌握，拥有庞大的网上模型库，使其极受欢迎；但是，即便是 SketchUp Pro 版本，其建模和渲染能力也都有限。

传统绘图工具

数字绘图工具的好处之一就是便于携带，占用空间小，而传统工具有具体的空间和存放要求。

绘图桌：至少 36 英寸*×48 英寸，或者更大。桌面不能包覆东西，而且必须平整，这一点很重要。虽然不是基本要求，但如果绘图桌的桌面可调节倾斜度，工作时会觉得更舒服。有些绘图桌的桌脚比普通的高些，以便于站着绘图。除绘图桌之外，还需要一张做参照的桌子。

一字尺：最少 42 英寸长，最好 48 英寸长。Mayline 牌的一字尺质量上乘，但不要使用任何带滚轴的型号，可能会损坏图纸表面。

乙烯基材质的桌垫：这种柔软的，具有半自我修复能力的垫子覆盖在桌面上，可以让铅笔在绘图时足以承受更大的压力。Borco 和 Vyco 是使用范围最广的两个牌子。这种桌垫通常一面是淡绿色，另一面是白色。大多数人喜欢把绿色的那面朝上，因为绿色会让眼睛看着舒服一些。在铺桌垫前，必须仔细把绘图桌清

＊1 英寸≈2.54 厘米

理干净，因为任何夹在桌面和桌垫之间的细小颗粒都会造成垫子凸起，这会使铅笔芯的石墨粉尘附着在桌垫表面，还会附着在图纸上。

绘图工作灯：要为精细的绘图工作照明，可调节的摇臂灯是必不可少的，最好有两个。这种灯必须有一个合适的金属底座或夹子，以便稳稳地固定在桌面上。最好的工作灯应该同时使用荧光灯和白炽灯，这样出来的灯光就类似阳光了。

铅芯：最好使用2毫米铅芯，小于2毫米的铅芯无法保证线条的粗细和浓淡。铅芯有各种各样的硬度，从软到硬排列分别是6B、5B、4B、3B、2B、B、F、HB、H、2H、3H、4H、6H，我觉得HB、H、2H这三种硬度的笔芯最有用。但是，不同厂家生产的铅芯质量并不一样。

笔杆：笔杆是用来装两毫米铅芯的。有的人会用不同颜色的笔杆装不同型号的铅芯。

铅芯削尖器：台式旋转型的最易使用。

木杆铅笔：木杆铅笔可以替代自动铅笔，手感更好，价格更实惠，搭配使用高质量的电动卷笔刀，同样很有效率。

橡皮擦：最好使用可塑性橡皮擦，因为这种橡皮擦用后不会留下细屑。白色塑料橡皮擦同样可以用来清除留痕较深的不易去掉的线条。

橡皮擦护套：一个小小的、薄薄的金属护套，上面钻有各种尺寸大小的开口，以便精准地擦拭。

绘图刷：用于清除铅笔芯石墨粉尘和橡皮擦屑的必备工具。

三角板：建议使用以下尺寸规格的三角板：12英寸45°，12英寸30°/60°，16英寸30°/60°，12英寸。有些人喜欢带有支点的三角板——即上墨用三角板——这种三角板可以在使用墨水时不让三角板的底边接触到纸面。这种三角板较难清理，而且不一定用得到，因为现在的扫描技术可以让铅笔绘制的图稿具有一些和墨水绘制的图稿相同的特征。

比例尺：建议使用三个12英寸长的三棱比例尺，一个是建筑用的，一个是工程用的，一个是度量用的。12英寸长的1/32～1/16的比例直尺也很有用。

圆规套装：建议用可调节的圆规，并加上延长杆和装墨水的鸭嘴笔。不要使用便宜的圆规套装，因为可能无法使用。

曲线板：最有用的是那些较长的带有不同曲线形态的曲线板，可调节曲线形态的曲线板通常都不怎么好用。

建筑模板：建议使用各种尺寸圆形和椭圆形模板，最大不要超过2英寸。

图纸：建议使用黄色草图纸和描图纸（比如，Clearprint牌1000H系列描图纸）。描图纸要厚些、白些，能够反复修改而不损坏，但比黄色草图纸贵一些，而且透明度不如草图纸。

开篇

注释

1. Eisenstein, E. L.,*The Printing Press as an Agent of Change: Communications and Cultural Transformations in Early-Modern Europe*, Cambridge University Press (New York),1979, as quoted by Robbins, E., *Why Architects Draw*, MIT Press (Cambridge, MA), 1994, p. 9.
2. Starkey, B., "Post-secular Architecture," in *From Models to Drawings: Imagination and Representation in Architecture*, edited by Frascari, M., Hale, J., and Starkey, B., Routledge (London and New York), 2007, pp. 231-241.
3. Berger, J., *Ways of Seeing*, British Broadcasting Corporation and Penguin Books (London), 1972, p. 31.
4. Related to the author in a conversation with Al Rusch.
5. Woolley, M., "The Thoughtful Mark Maker: Representational Design Skills in the Post-informational Age," in *Design Representation*, edited by Goldschmidt, G. and Porter, W. L., Springer-Verlag (London), 2004, p. 199. Woolley is one of many who anticipates improved digital interfacing tools:

    intelligent ⋯ pencils ⋯ an increasing necessity if designers are to address the process of continuous data ⋯ This missing interface has meant that a generation of designers has been relatively weak at building directly on their traditional skill-base and has to adapt to the machine, rather than harness existing hand/eye skills to machine intelligence.

    We should pause to ask, however, if trying to contain the entire conceptual process in a digital environment is necessary or even desirable.

6. Robbins, E., *Why Architects Draw*, MIT Press (Cambridge, MA), 1994, pp. 38-49.

第二章
传统绘图技法

> 做任何事情之前,我还是会先大概构思一下。还没开始用计算机绘制,我们就已经用掉了大量草图纸。作品一旦在计算机里呈现出来,我就会走来走去,问自己:"这到底是什么?"看来,我们还是得把想象和现实区分开来。
>
> ——理查德·迈耶 [1]

速写和素描的重要性

速写的作用应该是观察、构思和交流。

观察

大多数设计师和建筑师已经不再根据日常的观察来画速写了。时间总是过于短暂,很多东西都可以用照相机来帮助我们记忆。但是,这些照片究竟有多大用处呢?即便我们慢慢地再仔细看上一遍,它们依然是照相机镜头下一些碎片化的二维世界,与气味、味道、声音和触觉截然无关,但正是其他这些感知让我们的视觉经验变得令人难忘,变得富有意义。只有在视觉经验中加入其他感觉,视觉记忆才能加深。花上一些时间,把生活中的点点滴滴用速写记录下来,有助于我们记住所见的东西,因为速写能让我们放慢脚步,使我们能够更仔细地观察生活。资料库虽然存储了大量随时可以调取查看的图片,但并不能帮助设计师进行创作,因为时不时停下来看图片,反而会打断创作过程。灵感本来应该是设计师不可分割的一部分;灵感必须依赖记忆,只有这样,灵感才能被重新构想,成为设计师的个性化表达。

构思

> 建筑师手中的笔是架起发挥想象力的大脑与呈现在纸张上的图像的桥梁:工作到忘我的时候……一幅幅图像在笔下涌现,就仿佛是大脑中的所思所想自然而然投射出来的结果。或许,也可以说,真正发挥想象的是手,而不是大脑。
>
> —— 尤哈尼·帕拉斯马 [2]

通常,设计过程包括提出可以评估、改进的构思。首先设想种种可能的方

传统绘图技法

案,其次将这些方案视觉化以进行评估,最后在评估基础上提出新的可能方案。这一过程循环往复,直至找出一个令人满意的最终方案。构思阶段就是要做一些漫无目的的想象,因此常常可以引发新的想法。隐藏在我们想象力角落里是我们所有人共享的情感。速写就是要将这些我们不熟悉的领域找出来,并揭示其中的本质。速写不能够一下子就将一个想法构思得完备至善,它提供了一个有意外发现和不同解读的空间,允许各种各样毫无关联的想法在其中发生关联,变得可见。速写就是要即兴创作;有需要,当下就会迸发出灵感。速写创作过程排斥工作状态的反反复复;手连大脑,手中的笔自然而然地会画出脑中所想。

交流

控辩双方的律师会在陪审团面前展开针锋相对的辩论。如果辩论一方更有感染力和说服力,另一方即便拥有更有利的证据,依然可能会输掉官司。速写、素描和图解就是建筑师的视觉论据,没有什么语言可以替代这些既富有表现力又能引起情感共鸣的图像。就像律师需要不断练习才能提高自己的口才一样,建筑师也需要不断提高绘画技巧和制图技术。当设计师创作出一幅精美的图稿时,奇迹便发生了:人们会沿着设计师的角度一起观察,一起思考。尽管速写一直是建筑师个人设计行为中必不可少的一环,但只要快速出现的想法能够可视化,让团队所有成员看到,那么速写在合作设计模式中同样可以发挥重要作用。

如果名气和金钱可以当作某种目标的话,那么电影就是我们这个时代最重要的艺术形式之一。电影产业吸引了我们这个时代最杰出的一些人士投身其中,而我们可以向他们借鉴一些经验。电影导演一直以来都是从制作故事板开始一部电影的拍摄工作的——所谓故事板就是一系列描写电影主要情节的手绘图。或许有人会觉得用数字技术制作的动画电影应该可以省掉这一环节,但事实恰恰相反,这样的电影反而需要更多的故事板图稿。由皮克斯动画工作室制作的电影《美食总动员》就绘制了多达50万张动画草图和图稿。[3] 除非有必要,否则制片人不会花费这么大力气。对于电影这样一种需要和广大观众交流的艺术形式来说,手工绘画水平是其中重要的一环。《星球大战》系列电影的一位主要动画师曾经这样说过,好莱坞动画设计师如果同时掌握了传统绘图技艺和数字技术,那么他就如同"金子般"宝贵。[4]

速写与素描

将速写和素描区分开至关重要。如果说速写的作用是锻炼观察能力,是用一种比较随意、自发的形式进行创作,那么素描则要求下笔更加有确定性。传统手绘素描图正是被数字绘图技术最彻底取代的领域。之所以要保留传统手绘图,理由之一就是设计过程采用的每种绘图工具都需要绘制者有一个新的视角。纠结于绘制素描图还是水彩图,制作实体模型还是数字模型,没有太大意义,因为这些

传统绘图技法

都只是最终结果,却让我们忽略了建筑绘图的首要目标,那就是绘制出能够实实在在建造出三维建筑实体的设计图。有时,改变一下绘图手段,用另一种方式继续未完的设计过程,反而会让设计师产生新的想法,重新对用不同绘图方法创作的作品变得尊敬起来,这是一种健康的态度。

我们最主要的假设是,在建筑意义和建筑师的设计手法之间存在一种亲密的共谋关系。[5]

……具有诗意的建筑特别难以建造,更不用说要在一个工具性的技术成为唯一"合乎常规"设计手法的世界里建造这样的房子了。

——阿尔伯托·佩雷兹-戈麦兹,路易斯·贝雷蒂耶

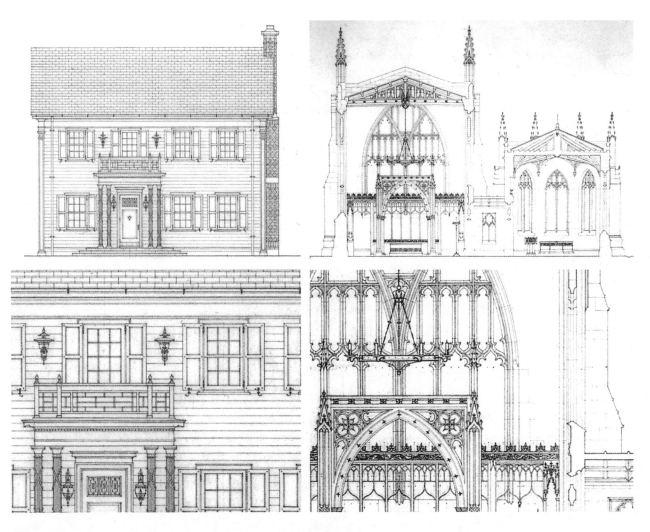

图 2.1
左图:赫姆洛克住宅,立面图　材质:画在描图纸上的 4H 铅笔图　尺寸:24 英寸 ×36 英寸
右图:哥特式教堂,剖面图　材质:画在冷压水彩纸上的 6H 铅笔图　尺寸:24 英寸 ×36 英寸　作者:邓肯·麦克罗伯茨

一切始于线条：如何绘制富有感染力的设计图

如果说艺术学校曾经一度极力提倡学生手绘素描正图的话，那么现在大多数的学校课程则允许甚至鼓励学生形成自己个性化的表达风格。但是，这种表达的自由性有时候并不利于预测其要表达的实体，因此形成清晰、准确的绘画风格至关重要。继承长久以来形成的绘图传统是为了帮助绘图者更好地进行创作，而不是让他们感到混乱。

在基础阶段，素描正图只是一些勾勒轮廓的线条的组合体，是一个抽象画面，和要表现的建筑实体之间只有少许关联性，但和图像交流有着密切关系。这些描绘边缘的线条形成正图的基础。比起那些更富有明暗层次变化，但线条表现错误或线条粗糙没有美感的绘图作品，一幅看似简单，实则技巧高超的线条画可能更富有感染力。

线条画技巧

1. 利用那些可以一边画一边改变线条形质——主要是指线条粗细、疏密，当然还有线条质感——的绘图工具，这种细腻的线条变化很重要，也是毡制粗头笔或细笔芯自动铅笔无法表现的。

2. 出色的线条画都很简练。在绘图时，虽然常常需要添上几笔颜色较深的线条来让那些具有尝试性的线条变得确定一些，但这种做法很容易导致过度表现，因此有可能让一幅原本简练，但用笔肯定的绘图作品失去精致感。

3. 描绘边缘的线条必须能够让人洞察到物体的本质，如形状、轮廓、表面，甚至情感。要达到这个目标，完全有赖于对以下方面的把握：

- 线条粗细
- 线条轻重：颜色深浅
- 线条质感：柔和、刚硬、纤细、不规则、明快、不确定
- 绘图工具：铅笔、钢笔、毛笔、粉笔、炭笔
- 图纸表面：光滑、粗糙、有吸收能力、厚、打滑、柔软、坚硬
- 绘图者手法：肯定、尝试性、精细、果断

看似简单，其实一幅出色的建筑素描图是绘图者操控多种变量的结果，这也许能够解释为什么出色的素描图既能让人感到满意，也能让人难以捉摸。

图2.2至图2.5所示的素描图，现在都被当作独立的艺术作品看待，但在绘制之初都只是被当作完成某项创作的前期准备工作：可能是为了完成一幅油画，也可能是为了建造一座建筑，或者更有可能是为了绘制一幅壁画。

传统绘图技法

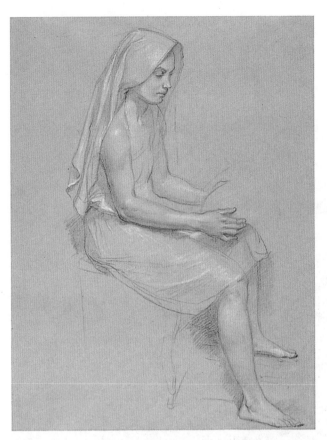

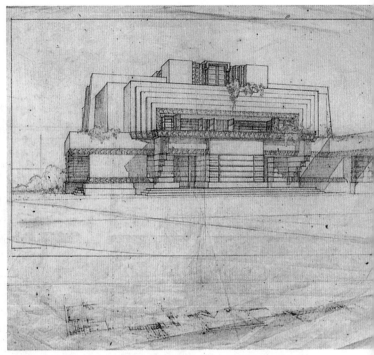

图 2.2
戴面纱的女人，习作
作者：威廉·布格罗　材质：暗色绘图纸，白色提亮

图 2.3
木屋，习作
作者：弗兰克·劳埃德·赖特（建筑师）　材质：描图纸
尺寸：22 英寸 × 28 英寸

- 在灰色调纸张上使用黑白两色，能够轻而易举地表现出立体感。
- 利用粗细不一、深浅各异的线条勾勒轮廓。
- 颜色深一点的线条用于强调内侧角落，或用于描绘远离光源的边缘线。
- 颜色深一点的线条用于表现渐变的、柔和的轮廓线，浅一点的线条则用于表现相对有棱有角的线条。
- 用线简约；不过度表现。

- 用颜色最深的线条描绘相邻块面间的侧面轮廓，用颜色浅的线条描绘侧面轮廓内的角落和边缘线。
- 颜色浅一些的线条用于表现越来越模糊的元素。
- 用密集线条表现的阴影部分表明是徒手画的。
- 将线条末端加粗，可以使通过交叉线条表现的内侧、外侧角落更加突出。
- 颜色深一点的线条用于突出远离光源的边缘线或阴影处的边缘线。
- 密集的线条颜色较浅。
- 作图线表示如何安排物体的远近关系；绘制过程被保留下来。

传统绘图技法

图 2.4
理想中的宅邸,习作
作者:罗伯特·阿特金森(建筑师) 材质:铅笔画 尺寸:17.5 英寸 ×26 英寸

- 颜色最深的线条用于描绘主要块面的侧面轮廓。
- 颜色较浅的线条用于描绘侧面轮廓内的角落和边缘线。
- 颜色较浅的线条表示结构和外形。
- 屋顶的不完全阴影是一种构图手段,可以避免抢眼的几何形状破坏构图的平衡感。
- 来自观察者身后的阳光照亮了建筑的正面和侧面;用最少的阴影就可以增强建筑的立体感,同时保留图稿的二维感。
- 徒手绘制的线条用于表示结构元素。

传统绘图技法

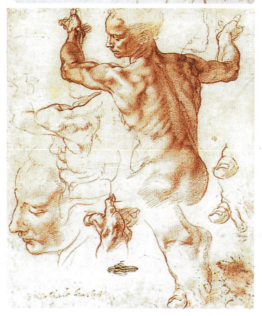

图 2.5
人物习作,绘在纸上的红色粉笔画
上图作者:拉斐尔
下图作者:米开朗琪罗

同时代的两位画家用相同的工具——红色粉笔——绘就的两幅画很相似:
- 都有虚化掉的边缘线,我们必须用自己的眼睛来"补上"消失的线条。
- 表面轮廓完成后都用密集线条来表现阴影。
- 粗实线用于表现远离光源的线条。
- 对反射光都有极高的敏感度。
- 线条变粗或变细消失都是通过笔法来实现的。
- 颜色较深的线条用于表现渐变的、柔和的轮廓线,浅一点的线条用于表现相对有棱角的线条。

传统绘图技法

徒手绘图

如果想成为设计师，但又只想掌握一种技能，那么这个技能就应该是熟练掌握徒手绘图技术，其他技能都没有办法像徒手绘图这样能让设计师随时随地记录脑海中的构思和想法。我本人最喜欢的绘图工具依然是那些简单的木杆软质铅芯铅笔，无论同时绘制轻重不一的线条，还是粗细各异的线条，这些铅笔都能让我得心应手。用铅笔画线条时，可以在绘制的时候就改变线条的形态特征，更重要的是，铅笔线条可以擦除。

练习：画鞋子

刚开始学习徒手绘图时，理想的练习对象应该具备以下条件：
- 能够让你练习如何表现各种形状和面；
- 不要求有绘画经验，并且允许出现错误的构图比例；
- 方便获取；
- 与绘图者本人有关。

在这个练习中，你可以选一只自己的鞋子，越旧越好。重要的是要对着实物画，而不是对着照片画。经验丰富的人物画家多年来一直质疑照片的作用，但许多人依然不相信对着实物画和对着照片画是不同的。我自己也经常会对着照片绘图，我发现这两种画法之间确实存在细微却很根本的区别，这可能和我们运用自己的视觉来理解形状的方式有关。当按照二维的照片绘画时，我们通常对那架拍了这张照片的照相机知之甚少，于是我们对深度、水平线和垂直线的感知就会相应被削弱。而对照实物绘画则要依靠我们自己与生俱来的优于照相机的能力来进行更加准确的观察，因此就能提高绘画的准确度。不管我们自己的身体，还是被画对象稍有动作（人物素描就很能说明问题），都要求我们能够飞快地记住描绘对象刚才的样子。通过我们的手和脑对现实的重新阐释而产生的素描图因此就拥有了某种特质，能够超越那些对着照片画出来的素描图。

第一步： 用时一分钟。无论何时，绘图都要从总体到个别；首先把握住整体形状，然后才能注意细节。用非常淡的线条先画出总体形态，不要担心出错，重要的是要运笔流畅，笔速不慢。握笔的时候，不要太靠近笔尖，要懂得利用手腕来帮助手指进行掌控。偶尔停下来观察一下边缘与交叉部分之间的几何形状，看看描绘对象和所画的是否一致。随着形状渐渐成形，一些线条看起来就会感觉画错地方了，这是很正常的，要控制住冲动，不要一直在那些错误的线条上添加颜色更深的线条。那些多余的线条只会让画稿变得毫无美感，只是一堆用色很深的粗线条。如果那些不需要的轮廓线让图像变得混乱，就用可塑橡皮把它们擦得淡一些或直接擦掉。我本人更喜欢在定稿中保留一些最初画错的线条，这样就会产生一种过程感。

传统绘图技法

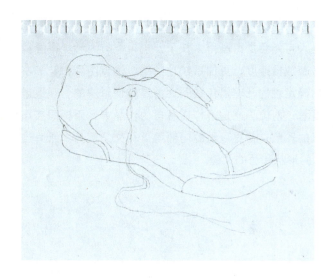

图 2.6
画鞋子：第一步

图 2.7
画鞋子：第二步

图 2.8
画鞋子：第三步

第二步： 用时 15 分钟。随着添加的细节越来越多，一些画错的地方可能会变得更加明显，必须进行修改。如果线条一直都画得比较轻的话，那就很容易修改。为让读者看得更清楚，不管是第二步的图还是先前第一步的图，颜色都要比真实的原图深很多。使用扫描仪和 Photoshop 软件里的曲线（Curves）功能会让画面产生很大的变化，使原本线条颜色浅淡的素描图变得好像基本完成了一样。

19

传统绘图技法

第三步： 用时 15 分钟。我将每步所用的时间都标出来，是为了让大家感受一下我自己作画的过程。有些人可能会觉得画得太快了，也可能有人会觉得画得太慢了。这些年来，我已经学着放慢速度，更加系统地绘图。注意图中，鞋子左边的一些比例问题在添上最后确定性的几笔黑色线条之前是如何解决的。观察米开朗琪罗和拉斐尔的画作，看看这两位画家是怎样在各自的作品中运用相同技巧的，如虚化掉的边缘线、夸张的轮廓、着重表现的内部角落和交叉部分。所有这些细节都是成功表现绘画对象的形状和面的关键。

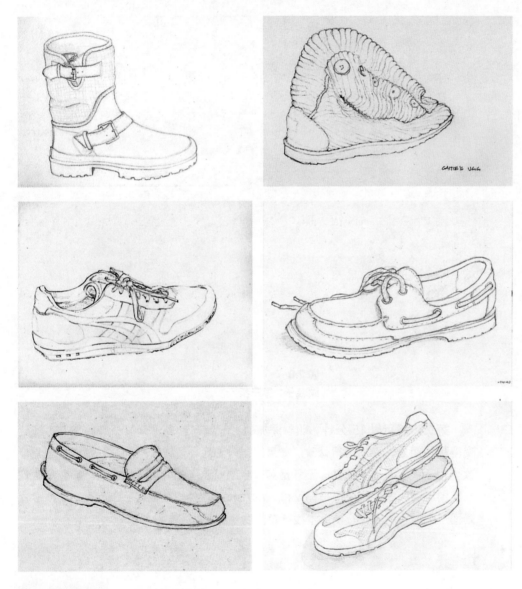

图 2.9　学生作品
作者（顺时针方向，从左往右）：丽莎·舒梅克、斯蒂芬妮·埃斯科瓦尔、帕特里克·奥尔斯、井上雪子、泰勒·斯坦、凯瑟琳·乔伊斯

练习：徒手画平行线

"我画不好直线！"你或许听到有人这样说过，他们认为自己连最基本的绘画技能都掌握不了。事实上，画直线并不是一件简单的事情，有些知名艺术家也画不好直线。很少人好好练习过画直线，但所有设计师都应该掌握这个技能。下面是一个画直线的简单练习，在这个练习中，要使用五种粗细不同的针管笔，当然也可以用铅笔替代，不过有些人可能觉得用针管笔更容易。但是，用针管笔画的线就不能擦掉了。

- 首先用铅笔徒手画两条垂直框线，画好后注意看看这两条线是否和页面边缘平行。我们通常很善于发现别人画得不准确的地方，但发现不了自己的。如果不确定是否画得准确，不妨把图纸颠倒过来或对着镜子，看看是否画对了。这个方法有不少画家都用过，比如列奥纳多·达·芬奇、安德鲁·怀斯和诺曼·洛克威尔。

图 2.10
徒手绘图：画直线

传统绘图技法

- 画好框线后，接下来就可以画一组横线了。画横线时，把每条直线都画得有些轻微上下起伏，这样就比较容易让这些直线看起来既直又互相平行。在现代绘画技术出现之前，雕刻师通过一系列排得很密的直线就做到了明暗变化。仔细观察，这些直线似乎带着一种颤音——或许你更愿意称为"夸张的摆动"，把它们放在一起，这些线条似乎就奏出了非常平缓的音调。
- 继续画几组这样的横线。当你从页头渐渐画到页尾时，可能觉得有必要做一些调整，好让这些线条一直是直的而且间隔均匀。之所以有这种感觉，那是因为我们是从某个角度来看这张纸的，当目光从页头移到页尾的时候，我们看图的角度也改变了，这就影响了我们的比例感。
- 用同样的方法练习画竖线。有些人觉得画竖线要简单一些，因为画竖线时，身体姿势更自然。
- 如果第一次练习，直线画得不好，那就继续练。要画好直线，手必须灵活，这是需要练习的。

画人物素描

素描，尤其是人物素描，曾经有一段时间是青少年教育必需的一部分："在19世纪后期的法国，素描被视为一种关键性工业语言，因此在法国的学校里素描成为通识教育课程的一部分。"[6] 甚至在20世纪80年代，伊利诺伊理工学院的建筑学院还要求学生修4门各两个学分的实物和人物素描课。我们今天似乎已经忘记了为什么画裸体素描特别重要，那是因为画树木、建筑甚至着装的人物时，比例上的错误很容易被忽略掉，但我们天生会以一种挑剔的眼光来看待人体。因此，裸体画会显露出画作中每一处细微的错误，教会我们如何画得更加准确。

实物素描技巧

最简单的方法就是将画纸放在一个竖面上，最好是站着才能作画的高度。站在离画板一只手臂远的距离，然后在纸上按相同比例画出观察到的实物，这个方法可以让你做出目测。有些画家会伸直手臂，然后举起拇指或铅笔用以比较被画对象和画作。传统方法是运用一根尾端加重物的细绳或铅锤来判断是否垂直对齐了。另一种传统方法是运用一面小镜子，把镜子放在一个合适的位置上，就可以同时观察到实物和画稿的反向镜像了——这个方法很容易观察到实物和画稿之间的不同之处。

另一种技巧适用于创作和实物大小相同的素描。这时候就需要把画板挪到靠近实物的地方，往后站，离开画稿一些距离，就能同时观察实物和画稿了。

但是，有时候手边刚好没有橡皮擦，画稿又是放在我们的大腿或桌面上，这样要比较画稿和被画对象就比较困难了。在这种情况下，我们就更要仔细考量被画对象的形态和轮廓之间的比例关系了。首先找到模特身姿中起支配作用的姿

传统绘图技法

势。观察那些能够决定躯干位置的抽象形状——躯干位置是相对手臂和双腿而言的。注意模特坐和站着时,身体重量是如何分布来获得平衡的。不要太在意如何处理阴影——初学者首先要学会如何用边缘线做到画稿和模特之间相似。

图 2.11
人物素描

传统绘图技法

根据实物画几何图形

在学习画不存在的东西之前，首先要学会如何画好现成的东西。虽然有时候可能不切实际，但最好还是根据实物而不是照片来练习素描，而且对着实物来画素描也更容易。不管采取哪一种素描方式，将绘画对象分解为一些几何图形，都是一个不错的训练方法。第一步就是依据视平线画出草图，并确定灭点的位置。请记住：所有符合透视法的平行线应该共享一个灭点。如果平行线同时与基面平行，那么这些平行线的共有灭点就在视平线上。如果平行线不和基面平行，那么灭点就是在视平线的上方或下方。如果其中一个灭点超出图纸范围，那么就预估一下从那个看不见的灭点大概会延伸出哪些线条，然后依据这些延伸线画草图。

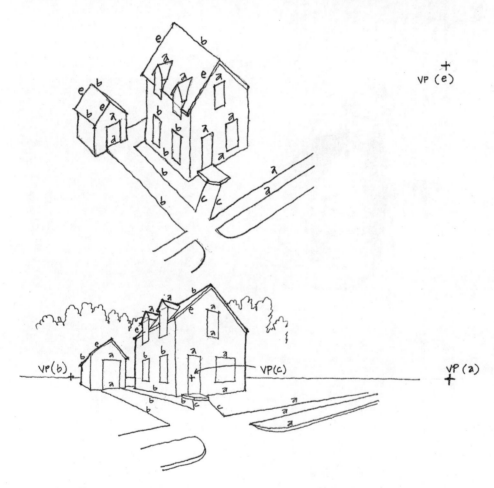

图 2.12
轴测图和透视法中的平行线条

最好的情况是图稿和观察的对象大小一样。绘图的时候，如果写生簿放在腿上，有时候我就会把图稿举起来对着观察对象，看看最初画的辅助线是否画对地方了。如果事先画一个正方形草图来勾勒圆形或圆柱体的话，那么圆形和圆柱体是比较容易画的。

传统绘图技法

图 2.13
把被画的对象分解为若干几何图形

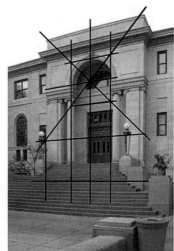

图 2.14
写生素描步骤分解图

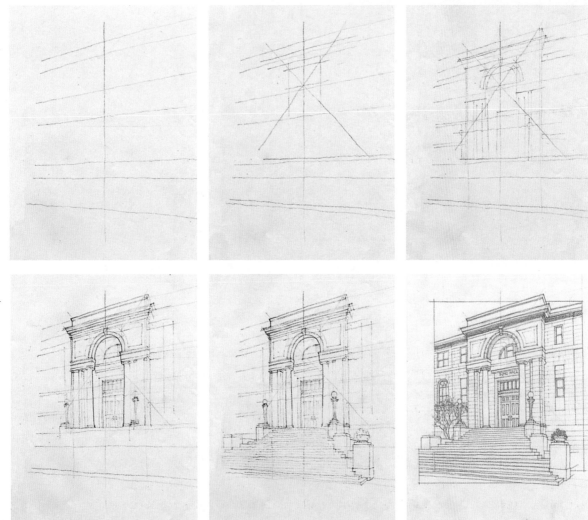

25

传统绘图技法

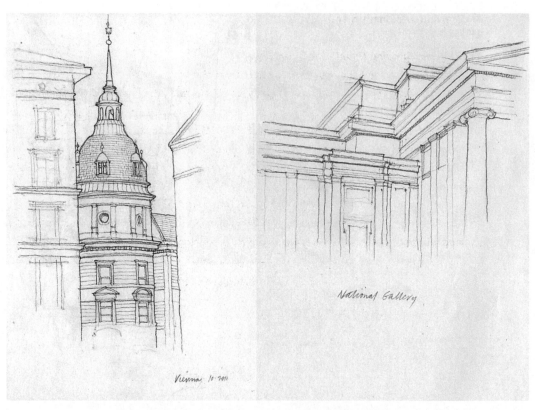

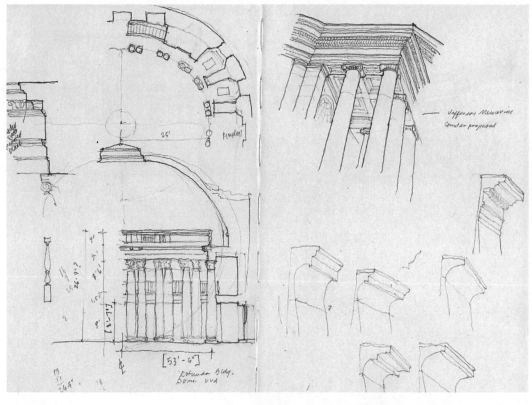

图 2.15
实地绘制的草图

借助工具绘图

练习：画轻重平均的线条

这个练习原来是为伊利诺伊理工学院建筑专业的学生设计的。该练习能够训练初学者学会如何使用铅笔在纸上均匀用力。

先用平行尺或丁字尺画出七条一模一样，间隔为 3/8 英寸，长度为 12 英寸的线条。然后，用同样方法再重复画六次，线条粗细和浓淡每一次都要有所增加，这样七组线条的颜色就会逐步加深。在 30 英寸 ×20 英寸的纸张上练习，每组线条之间间隔 1 英寸，可以任意选择一组从软到硬的铅笔芯练习。画线条的时候——对于习惯用右手的人来说，就从左往右画——铅笔必须慢慢地旋转，否则笔芯就会越画越有棱角，这样画出来的线条就会变得越来越粗。

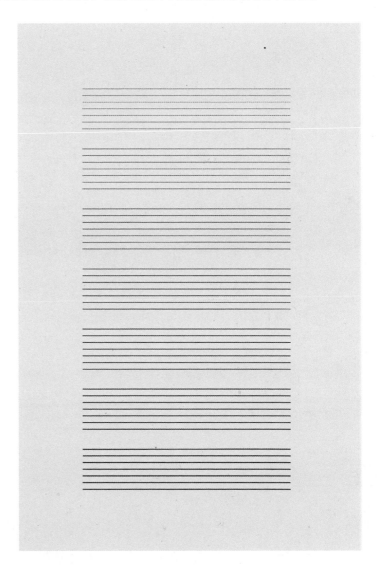

图 2.16
借助工具绘图：练习控制力

传统绘图技法

根据实地测量绘制比例图

以前在巴黎美术学院学习的初学者,其任务之一就是测量现有建筑的尺寸,根据实地测量得到的数据绘制比例图。他们就是这样开始学习了解二维绘画和三维实物之间的关系,不仅是理解两者之间的比例关系,而且还运用传统制图手法来表现物体的形状和面。

对于现在学习计算机辅助设计的学生,甚至包括一些专业人员,他们面临的挑战之一就是如何把握和准确估量绘图中的比例问题——不仅是各个部分之间的比例,还有部分与整体之间的比例。运用数字工具能够轻易将图放大和缩小,但却破坏了设计过程的连续感;画平面图和立面图的时候,也常常无法通过合适的线条和轻重变化在图纸上表现出深度感和形状感。在数字技术环境下,很难把握

图 2.17
蒙蒂塞洛庄园:实地测量数据

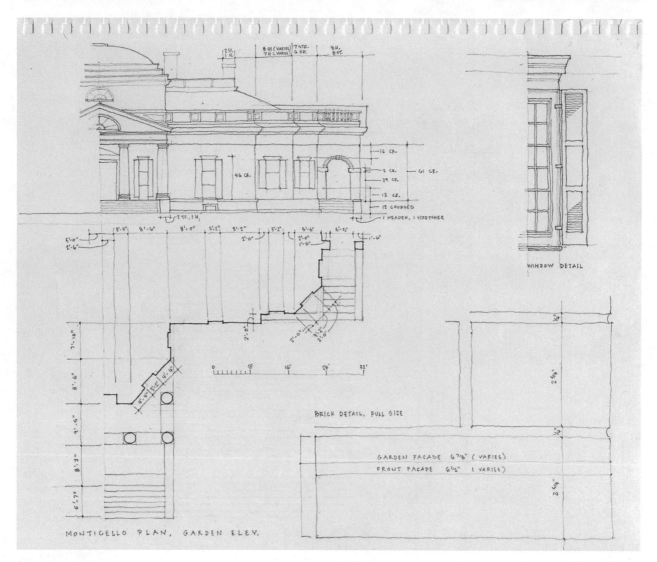

好线条的轻重,而大多数人并没有足够重视这个问题。因此,在用视觉传递三维信息方面,数字二维绘图往往不如传统二维绘图做得好。

下面的练习将美国前总统托马斯·杰斐逊的蒙蒂塞洛庄园作为绘图对象。最好选一个离得近的练习对象,这样就可以经常去实地观察,毕竟避免遗漏重要信息是需要经验积累的。在这个练习中,照片只是作为参考,在实地测量无法提供足够信息的时候可以拿来使用。数一数砖层数量,可以确定一些测量不到的地方的尺寸。

下面这个局部立面图可以用 Photoshop 来完成剩下的立面部分,这样比较省时,又可以绘制出更加准确的图像。

图 2.18
蒙蒂塞洛庄园:西侧部分立面图,借助工具的传统绘图

注释

1. As quoted by Stephens, S., "Perspective News," *Architectural Record*, 9, 2013, p.28.
2. Pallasmaa, J., *The Thinking Hand*, John Willey & Sons Ltd. (Chichester),2009, p.17.
3. Carnevale, R., "Behind the Scenes on *Ratatouille*" ,bbc.co.uk, in *Drawing/Thinking: Confronting an Electronic Age*, edited by Treib, M., Routledge (London and New York), 2008, p.171.
4. Alex Lindsay, Pixelcorps, speaking at the American Society of Architectural Illustrators' 20th International Conference, Washington, DC, 2005, as quoted by the author.
5. Perez-Gomez, A., and Pelletier, L., *Architectural Representation and the Perspective Hinge*, MIT Press (Cambridge, MA), 1997, p. 8, p. 86.
6. Nesbit, M., as paraphrased by Robbins, E., *Why Architects Draw*, MIT Press (Cambridge, MA), 1994, p. 28.

第三章
透视图

　　人眼和照相机观察事物的方式是不一样的。事实上,任何用二维画面呈现出来的三维实物都是遵循光学定律的,这些光学定律和人眼产生视觉的原理并不相同。至少就目前而言,所有共享的视觉信息——无论印刷图像、电视还是照相机——都是由二维媒介传达的。文艺复兴时期的建筑师就发现了如何将建筑平面图和立面图画成二维透视图的方法。无论通过照相机还是计算机,在二维平面上表现三维信息的规则和文艺复兴时期发现的那些规则是一样的。

　　照相机广角镜头会让拍摄图像边缘部分的视觉信息失真。例如,用广角镜头给一群人拍照,站在左右两边的那些人看起来比站在中间的人胖,这是因为广角镜头中的视觉信息会随着视野变宽而在边缘部分横向拉伸。在纸张上画透视图的一个习惯做法是将视场角控制在 30°～60°,超过 60°就会出现和广角镜头拍摄的照片一样的失真情况。

　　与此相反,你可以证明人类的视觉不会像广角镜头那样出现失真的情况。如果你站在房间的一个边角里,四周墙壁都是 90°直角,这时候把你的双手举到眼睛左右两边,你会发现超过 90°的视域圆锥并不会造成任何明显失真。因为人类是用立体方式来接收视觉信息的,然后用高度发达的眼睛和大脑富有成效地处理这些信息,因此人类的视觉能够比照相机或图片,更善于记录没有失真的广角景象。无论用传统绘图工具还是现代数字工具进行设计,这一区别都是必须认真考虑的。如果绘图工具描绘出的形象和人们在现实中所见的实物不一样,那么想要设计的作品,如一个购物中心,其构造就有可能受到影响,从而产生偏差。

　　汇聚于一点的光线被接收或聚集到一个平面上之后,就形成二维图像。这个平面可以是照相机中的胶卷,也可能是显示屏,或一张纸。这个平面可以位于物体和观察者之间的任何位置;它可以小如一张邮票,也可以大如一个广告牌。这个平面甚至可以被投影到位于物体后方的另一个平面上。

透视图

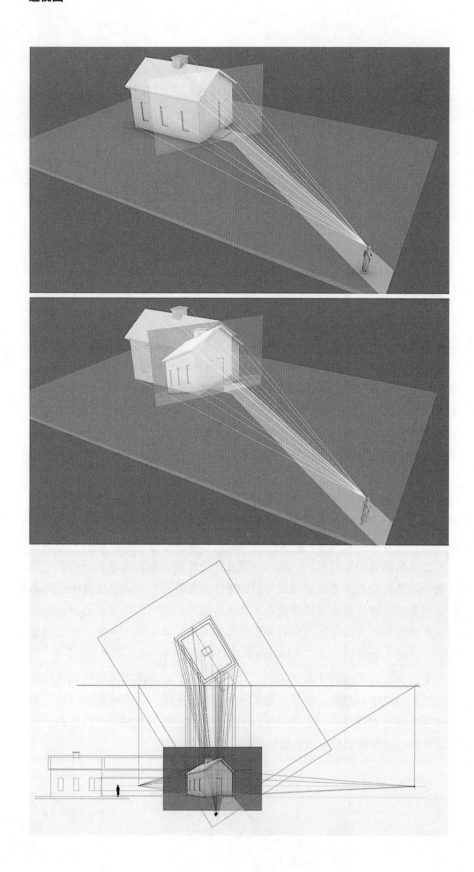

图 3.1
将三维信息聚集到平面上

透视图

从平面图和立面图开始绘制一个复杂的透视图可能是一个冗长而乏味的过程，但有了三维数字建模软件就会简单很多。然而，在完全抛弃传统绘图方法之前，还是很有必要学会如何徒手绘制透视图。

计算机会制作透视图，并不意味着操作员也会。通常，无论一个人独自工作还是和客户一起探讨，设计师要掌握的一个非常重要的技能就是能够迅速将自己的构思用合理、准确的图像画出来。利用足点和测量线绘制透视图是一个很好的方法，能够让设计师更好地理解快速绘制草图时运用到的透视规则。我也相信在二维平面上练习透视图可以提高设计师想象三维空间的思维能力。

掌握精湛技艺的艺术家常常被称为天才。但是，天才的定义现在已经开始改变了。有研究表明，只要突破120这个界限，IQ值再高也无法表明一个人是否是天才了。史迪芬·平克曾经说过，天才就是那些经过刻苦努力最终掌握了他们所在领域所有细节的书呆子。[1] 能力不是天生的，而是通过练习获得的。在众多建筑师中，弗兰克·劳埃德·赖特是一个公认的天才。他最杰出的才能就是无须借助任何模型或计算机，就能徒手画出空间结构复杂的建筑。在《多重面具》一书中，布兰顿·吉尔这样写道：

> 沙利文和赖特都拥有一种与生俱来的无法传授的能力……我所说的这种罕见的能力是指能够将平面图和立面图想象成一个整体，在头脑中想象出一个要设计的建筑需要的三维空间，并在这个空间中穿梭自如，而且还能够直接感受到这个空间中的各种比例关系，好像有魔法似的——这种直觉意味着建筑师不需要花时间，也不需要太费力就能将平面图和立面图呈现在二维纸张上。沙利文的设计通常就是这样，他的设计草稿基本不需要做出大的改动，就能成为可以直接拿来使用的设计正图。赖特也差不多如此，他曾经自夸，只要在纸上将房子的设计图画好，他就可以准备装修这个房子了。[2]

对于这段引言中的第一句话，我不敢苟同。作为绘图师，赖特画出了大量作品，这在文献中有详细记载，我相信正是大量的透视图练习大大提高了赖特的三维想象力。这种想象力并不是"与生俱来的无法传授"的能力，而是可以开发培养的。赖特自称他完全是在头脑中构思出流水别墅的设计图，埃德加·塔费尔也证实过这一点。[3] 赖特的例子毕竟只是传闻，但其他以能够设计空间复杂的建筑而闻名的建筑师——像勒·柯布西耶、路易斯·卡恩、保罗·鲁道夫，这里只举几个例子——却实实在在都是绘制透视图的大师，虽然工作繁忙，但他们都会找时间亲自画透视图。

掌握技能需要付出努力，但大部分人似乎都找不出时间练习。如果大家都走同样的路子——就因为简单——那么，所有人最终得到的结果只能是一样的：画出和别人相似的设计图。

示例：如何画两点透视图

步骤一： 首先在图纸靠底边的地方确定一个固定点，称为足点。这个点对应观者的位置。将足点作为出发点，向上画垂直线，对应的是观者的视线。以观者的视线为中心确定并旋转描绘对象的平面图，或许可将其画在离足点一定距离的另一张纸上。在下面的示例中，我们将建筑的位置确定在视域圆锥为 30°左右的地方。足点离建筑越近，视域圆锥就越宽。请记住：视域圆锥一旦超过 60°，就会开始出现明显的失真情况；在 60°弧度范围外的任何东西看起来都像在横向拉伸。视域圆锥越宽，失真情况就越严重。足点离建筑越远，视域圆锥就越窄，但离得太远，透视图就会变得像是用远距镜头拍摄的照片一样。

步骤二： 画一条线来确定画面位置。画面位置是随机的，图像大小取决于画面的位置。画面离足点越近，图像就会越小，反之就越大。有可能画面位置刚好和描绘对象有交叉，例如在边角地方交叉，甚至可能位于描绘对象后方。

步骤三： 在足点和画面之间，画出和主要平面或物体的中轴线平行的线条，从而确定左灭点和右灭点的位置。有可能需要旋转描绘对象的位置或调整画面位置，这样左右两个灭点都能保留在桌面上。

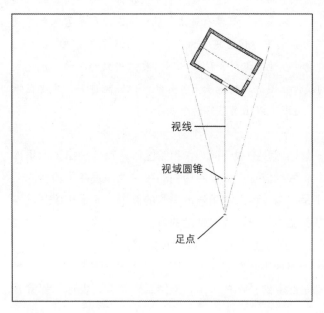

图 3.2
如何画两点透视图　步骤一

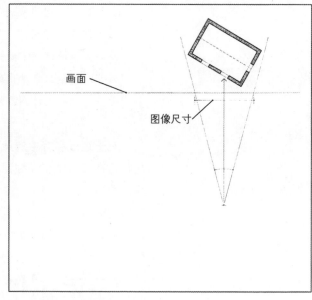

图 3.3
如何画两点透视图　步骤二

步骤四： 使用与平面图相同的比例，在画纸上找个合适的地方作为立面图的位置，但不能刚好是画透视图的地方。这样就可以确定基线的位置了。视平线则由视野决定，视野在哪儿，视平线就在离基线多远的地方，这样就可以和正常的视线高度相对应。从画面向下引线条，在视平线上定出对应的左灭点和右灭点。

如果事情变得让人困惑，那么就需要接下来的步骤（画线条 A）了！画面代表垂直面，在这个垂直面上，可以测量出与平面图和立面图的比例对应的准确尺寸，明白这一点至关重要。如果画面位置刚好是建筑边角，就可以马上测量建筑各个部分的高度了。但是，在这个示范图中，为了让大家看得清楚，我们把画面放到了建筑前面。这样做是因为将来画更复杂的建筑透视图时，我们还需要了解如何将灭点置于画面后方。为让平面图和画面产生关系，我们画了一条和主轴线平行的线条（A），从建筑边角延伸至画面。以这个交叉点为出发点，向下引一条垂直线，就是垂直测量线。沿着垂直测量线和基线（或水平测量线），就可以用与平面图和立面图相同的比例进行测量。

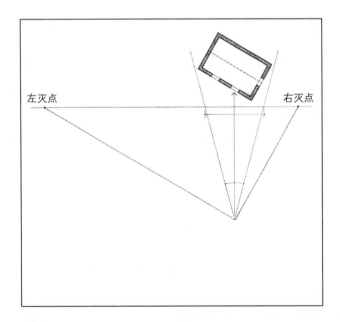

图 3.4
如何画两点透视图　步骤三

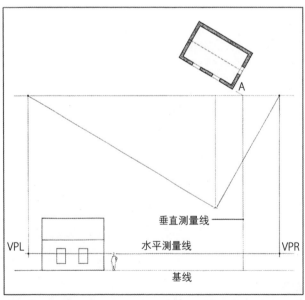

图 3.5
如何画两点透视图　步骤四（VPL 为左灭点英文缩写，VPR 为右灭点英文缩写）

步骤五： 首先从建筑立面图的几个边角出发，沿水平方向画几条横线到测量线。然后，以这些横线与测量线的交叉点为出发点，画直线到左灭点。

步骤六： 从平面图出发，画几条直线到足点。然后，以这几条直线与画面的交叉点为起点，再画几条垂直线到基线。这几条垂直线与步骤五画出的灭线交叉的地方就是建筑正面几个边角的相应位置。

步骤七： 按照步骤六的方法，确定屋脊几条边线和建筑剩下的那个侧面。即便所绘的是一个简单物体，需要画出的辅助线也会多到让画面显得杂乱。这里之所以画出这么多辅助线，主要是为了让大家看清楚绘图步骤。实际画透视图时，并不需要把每条辅助线都画完整，只需标注并画出那些交叉点。

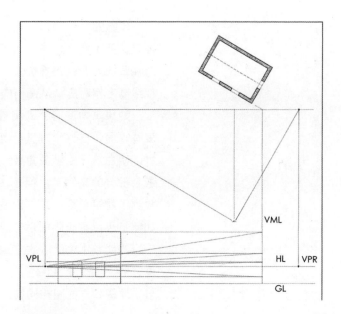

图 3.6
如何画两点透视图　步骤五（VML 为垂直测量线英文缩写，HL 为视平线英文缩写）

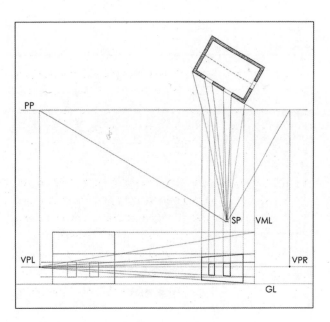

图 3.7
如何画两点透视图　步骤六（PP 为画面英文缩写，GL 为基线英文缩写，SP 为足点英文缩写）

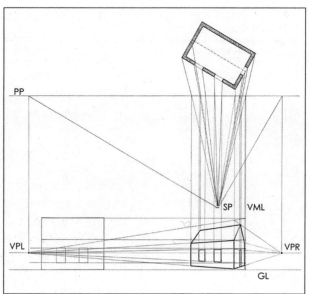

图 3.8
如何画两点透视图　步骤七

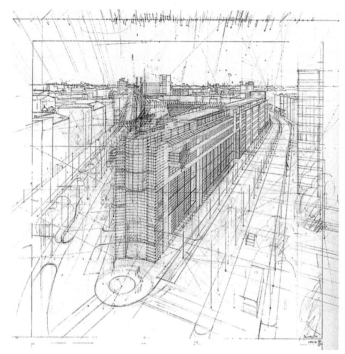

图 3.9
布局草图(采用"两点透视画法")和最后完成的图稿,由赫尔穆特·雅各比绘制

图 3.9 中的布局草图展示了使用两点透视的职业绘图师在工作时如何具体运用这一方法。在草图顶部,我们可以看到画面。用于完成透视图的平面图和立面图很有可能画在其他纸张上,所以并不在这幅图的范围内。

示例:如何用估计透视法画透视图

"目测法"(eyeballing)是指仅仅依靠比例感,而不借助测量工具来绘制透视图的练习方法。要让我们的眼睛能够做出精准判断,就要练习绘图,并将所绘图稿和实物比较。在前一节中,我们鼓励大家借助测量工具来绘制透视图,以便在二维环境中用三维眼光观察和思考。的确,使用两点透视画法来绘制复杂的透视图是一个冗长而乏味的过程。但是,这种基础训练不仅能够让设计者学会如何安排透视图布局,而且能够培养他们使用目测法绘制透视图的能力。下面两幅透视图(图 3.11),尺寸均为 6 英寸 × 8 英寸,都是根据萨伏伊别墅的平面图和立面图(图 3.10)徒手绘制的,向读者展示了如何一步一步地绘制预想中的透视图。

透视图

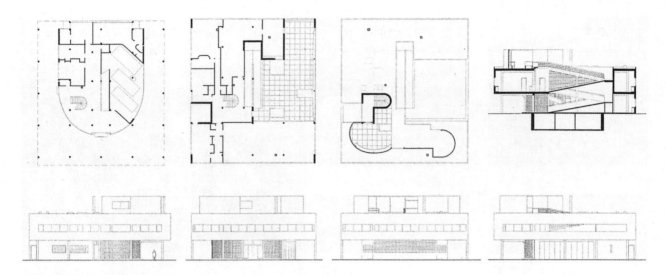

图 3.10
萨伏伊别墅：平面图、剖面图、立面图

地面层视图

步骤一： 首先画出地平线。要形成地面层视图，就要再画一个简笔画人物，而且该人物的眼睛要刚好和地平线齐平。这个简笔画人物的大小决定了整个透视图的大小。

步骤二： 在简笔画人物的附近确定建筑主要边角的位置。接下来要做的就是最具挑战性的部分了，用寥寥数笔轻轻画出建筑基本框架。运用你最佳的比例感来判断草图的比例是否准确。通常来说，第一遍都不尽如人意，但我们只有先画几笔才能判断比例是否准确。如果需要修改，就使用可塑性橡皮擦，以便保持画面干净，线条清楚。要根据简笔画人物来确定主体结构的高度。请记住透视画法的首要原则：所有平行线条共享一个灭点。如果这些线条和基面平行，那么这个灭点就在视平线的某个点上；如果这些线条和基面不平行，有一定倾斜度，那么灭点或者位于视平线上方，或者位于视平线下方。如果左灭点和右灭点离得太近，画出的视图效果就会和使用广角镜头的照相机拍摄的效果一样；如果左右两个灭点离得太远，视图效果则和用长焦镜头拍摄的效果一样。眼睛所见是什么样子，视图就尽量画成什么样子。

步骤三： 添加第一层柱子。因为边角处的几根柱子先前已经画好了，所以每个侧面只需要再添加三根柱子。首先从相邻两个边角处的柱子引出两条对角线，交叉点的位置就是新添加的三根柱子中位于中间的那根的位置。按照此法，就可画出剩下的两根柱子的位置。

步骤四： 画出楼顶结构草图。首先，在屋顶基面画出楼顶结构的平面图，可以借助先前画的那些柱子来确定这些结构的位置。平面图画好后，就可以将墙面向上延伸。在画曲线和半圆形时，要先画出能够容纳这个圆的正方形。

步骤五： 随着建筑第二层窗户添加上去，就很容易发现第一层的那些柱子画得太高了，这时候需要把它们改矮一点。

步骤六： 依照柱子间的距离画出窗扇间的竖框。

步骤七： 可以用墨水笔来加深那些重要的线条，用软铅芯铅笔也可以。将图稿扫描进计算机后，先前用铅笔画的那些辅助线可以保留下来，也可以利用曲线工具清除掉。如果要用这幅视图构建一个计算机模型，就有可能暴露出一些画得不准确的地方；但是，比起建模所需要的时间，画这幅视图的时间少得多，而且足以描绘出建筑形态。

第二层视图

步骤一： 不要因为要画更复杂的视图就被吓住了。只要按照上例所示步骤一步步地来，任何视图，不管所画何物，所用何种视角，都能用估计性草图画出。就像前面例子所示，我们首先画出一条地平线和一个用作比例参考的简笔画人物，以及一条能够主导整个构图的墙角线。

步骤二： 确定楼梯坡道两端的终点之后就可以画坡道对角线了，观察一下为什么楼梯平台就算最后会被屋顶遮住，也还是要先画出来。

步骤三： 参照简笔画人物和楼梯坡道的宽度确认楼顶结构的位置并画出简图。如上例所示，要先画出这些结构的平面图，然后将这些结构的竖向框线都向上延伸。

步骤四： 简略画出剩下的细节。网格稍微有些不好处理。请记住：那些用作网格对角线的辅助线会汇聚于共同的灭点。利用这些对角辅助线就可以画出网格。

步骤五： 利用墨水线加强那些重要的边线。观察视图片刻之后就能看出画错的地方，例如，屋顶下方的楼层太高了。没关系，毕竟这是快速完成的草图，错误在所难免，而且我们在意识到错误之后，就能加以改进。

透视图

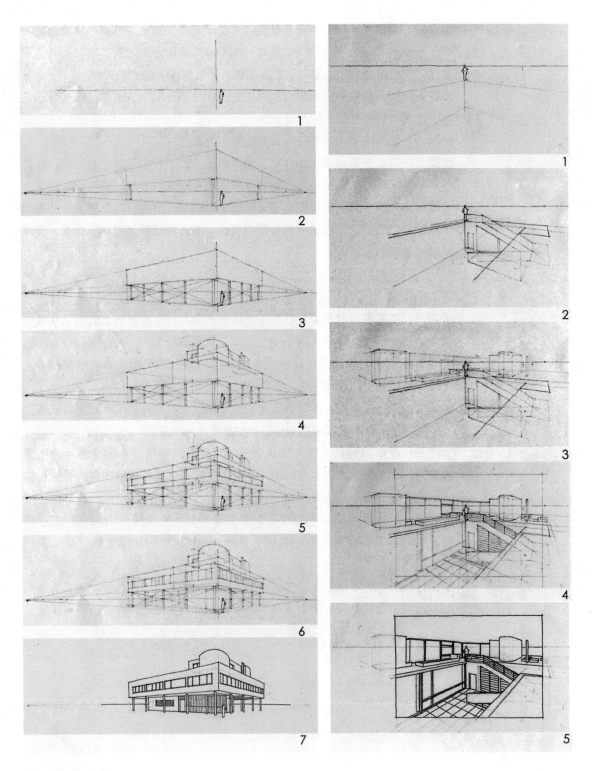

图 3.11
估计透视法：步骤分解
原型：萨伏伊别墅

透视图

这个练习要求学生根据建筑师莱昂·克里尔一幢还没有开工的建筑平面图和立面图绘制出透视图（见图 3.13）。这些例图有些是用估计透视法绘制的，有些则是用两点透视法绘制的更加精准的视图。颜色有的是用传统水彩技巧加上去的，有的则是用 Photoshop 完成的。

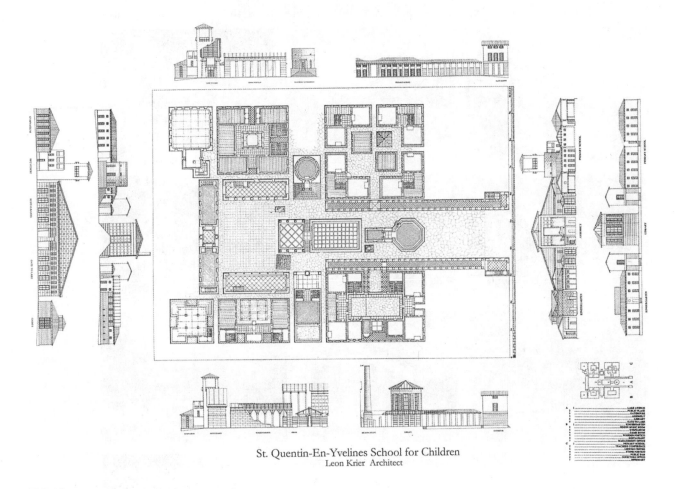

图 3.12
圣康丁昂伊夫利纳儿童学校平面图、剖面图和立面图
作者：莱昂·克里尔（建筑师）

透视图

图 3.13
学生作品
第一排作品作者（从左往右）：杰弗里·巴恩斯、保罗·海耶斯、佩齐·马留奇；第二排作品作者（从左往右）：布伦丹·哈特、大卫·海耶斯、比尔·赫尔；第三排作品作者（从左往右）：丹尼·萨科、泰勒·斯坦、克里斯多夫·斯奈德；第四排作品作者（从左往右）：丹尼·萨科、玛丽亚·哈蒙、克里斯·费根；第五排作品作者（从左往右）：玛丽亚·哈蒙、奥尔加·布莱雅卡、丹尼尔·奥森多夫

注释

1. Pinker, S., *How the Mind Works*, Norton (New York),1954.
2. Gill, B., *Many Masks: A Life of Frank Lloyd Wright*, Putnam (New York), 19867, p. 81.
3. Tafel, E., *Apprentice to Genius: Years with Frank Lloyd Wright*, McGraw-Hill (New York),1979, pp.1-3.

第四章
数字扫描技术

扫描作品原图

　　数字扫描仪是连接传统设计和数字设计的重要一环。并不是所有扫描仪都具备相同品质,即便是最好的扫描仪也无法将一幅作品的所有色彩层次和明暗浓淡体现出来,但扫描效果还是要比质量差的扫描仪好得多。浅淡的色彩和浓重的色彩最容易显示出扫描仪的保真度。如果扫描仪不能区分色彩浓淡明暗的细微差别,扫描后就会出现夸张的色彩反差,比如,浅灰色就会变成白色,而暗灰色就会变成黑色。色彩层次也会出现这样的情况——细微的颜色变化因为体现不出来就会变成同一种颜色。目前最好的扫描仪是平板扫描仪。尽管滚筒扫描仪可以扫描尺寸比较大的原稿,但其对色彩差别的保真度比不上最好的平板扫描仪;此外,滚筒扫描仪也无法扫描在比较厚实的纸张或木板上创作出来的作品。而平板扫描仪的缺点是扫描幅面有限。虽然目前市场上能见到一些原稿台比较大的扫描仪,但大部分原稿台尺寸都是 11 英寸 ×17 英寸,或者更小。许多插画师现在有意识地选择创作比较小的作品,其中部分原因就是这样才能进行扫描。如果原稿尺寸比较大,无论滚筒扫描仪还是平板扫描仪都无能为力,唯一的办法就是拿到能够给平面作品拍照的摄影工作室。如果使用的工具不是专业性的,扫描结果都不会令人满意。

　　本书所有示范图都是用专业的 11 英寸 ×17 英寸平板扫描仪扫描的。

扫描步骤

　　扫描仪设置:将市面上所有类型的扫描仪及其功能介绍一遍,并不在本书的探讨范围之内。通常来说,每台扫描仪的扫描性能都会有所差异。简单而言,全彩色扫描,用 24 位色或更高的位色,每英寸像素值(PPI)180 ~ 360 —— 具体取决于原稿大小,将扫描稿保存为 TIFF 文件格式。像素值增加并不意味着扫描仪区分细微色调变化的能力就会明显提高。如果扫描仪上还有其他选项,通常最好选择默认设置,因为几乎所有这些性能用 Photoshop 更好调节。最好将原图扫描一点在"平面"上,即让色彩对比度稍微降低一点。色彩对比度和饱和度都可以等后期再用 Photoshop 进行调整。色彩反差太大的图像是无法逆转的。最常用来保存扫描图像的文件格式是 TIFF 和 JPEG。使用不同计算机和软件的时候，这两种格式是最具有兼容性的。保存为 JPEG 格式时，文件会被压缩，因此占用硬盘存储空间较小，而且可以作为高分辨率文件用电子邮件的附件形式发送。该格式的缺点是——也有反对意见——随着图像被打开、调整和再次保存，图像质量会降低。与此相反，TIFF 格式的文件保存时不会被压缩，图像质量也不会降低。分辨率（DPI）原指打印机确保色调均匀的性能，表示为"每英寸所能打印的点数"。许多人错将扫描仪分辨率等同于打印机分辨率，而扫描仪的分辨率（PPI）是指每英寸的像素值。图像文件的分辨率可用英寸和每英寸像素值共同表示。用过高的 PPI 值来扫描图稿，其实是错误的，因为这样保存的图稿文件往往太大，不利于在计算机上处理，而且文件中可能包含一些永远用不上的数据信息。

把图稿放在原稿台之前，要确认原稿台的台面，无论滚筒还是平板玻璃面，都要尽可能干净。要让图稿和原稿台的窗口边缘完全平行，并不是一件容易的事。如果稍微有些歪斜，也不用担心，后面可以用 Photoshop 来校正。如果原稿尺寸大于平板原稿台的窗口，就要进行多次局部扫描，这样就会有几幅互相有重叠部分的扫描图。

大多数平板扫描仪都有一个装有合页的盖板。扫描大幅原稿时，最好使用扫描时可以松开盖板的扫描仪。在手边准备一张亮白色的硬纸板或厚纸，用于将原稿和盖板的底面分开。这样做有两个原因：一是有时候盖板会有污损，这些污损处会透过绘在半透明纸张上的图稿投影到扫描稿上；二是有些生产厂家提供的盖板，其底面是黑色的。当需要对超大尺寸的原稿多次扫描时，黑色底面就有可能出现在其中一些扫描图上，而不是在全部的扫描图上，使自动曝光功能记录下来的扫描结果每次都不一样。因此，要把这些扫描稿拼成一幅完整的图稿就变得很困难。

图像一旦扫描完成后，就要将所有扫描稿保存在一个合适的文件夹里。在下面的示例中，原稿作品的尺寸大约 18 平方英寸[*]，超过了平板扫描仪 11 英寸 ×17 英寸的原稿台，因此需要多次局部扫描。

最后一个步骤就是要将多次扫描结果拼成一幅整图。较新版本的 Photoshop 已经能够自动完成这个任务，选择文件（File）＞自动（Automate）＞图片合并（Photomerge）命令，然后单击浏览（Browse），同时按住 Ctrl 键单击选中所有要合并的扫描图，最后单击确定按钮，四幅扫描图就会自动无缝拼接在一起了。

---

[*] 1平方英寸≈6.45平方厘米

数字扫描技术

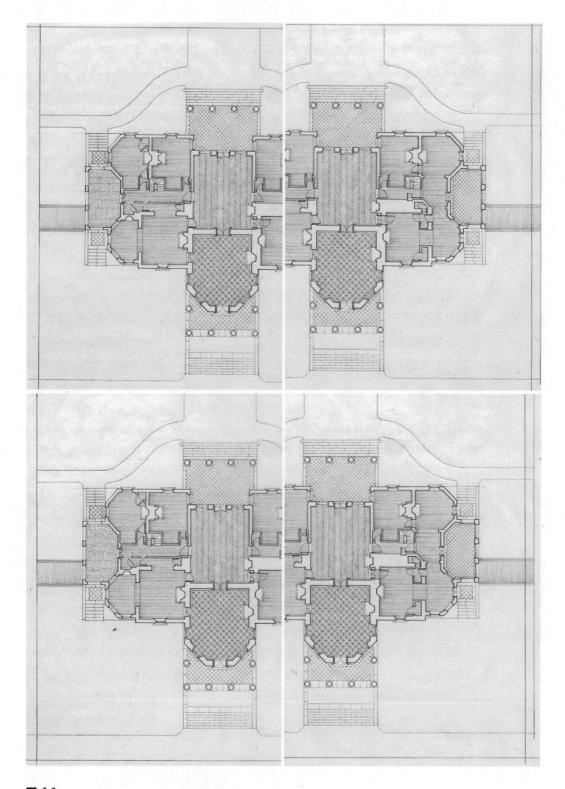

图 4.1
同一原稿四幅互有重叠部分的局部扫描图

数字扫描技术

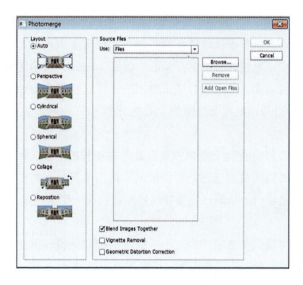

图 4.2
图片合并对话框

很可能合并之后的图像相对于计算机屏幕边框来说还是有些斜。要将图像校正，可以打开吸管工具（Eye dropper），在其下拉菜单中选择标尺工具（Measure）。选中原稿中一个较长的横向连贯的区域，将光标放在这个区域最左边的地方，同时按住鼠标的左键向右画一条和该区域右边大部分地方一致的临时线条。松开鼠标左键，观察临时线条。

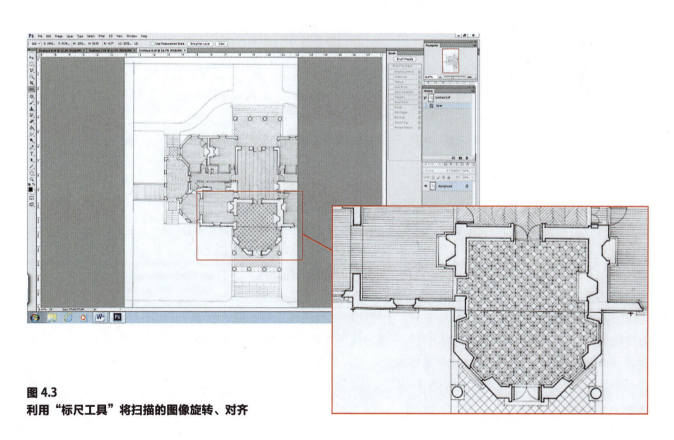

图 4.3
利用"标尺工具"将扫描的图像旋转、对齐

47

数字扫描技术

　　选择图像（Image）> 图像旋转（Rotate）> 任意角度（Arbitrary）命令，这时会弹出一个对话框，显示临时线条倾斜屏幕边框有多大程度、在什么方向上倾斜：是顺时针方向还是逆时针方向。单击"确定"按钮，整个图像就会旋转到与屏幕边框平行的位置上，然后临时线条就消失了。这种操作会让图像分辨率有所降低，但因为我们开始就用 PPI 值为 360 的扫描模式，所以这种降低可以忽略不计。

　　如果你使用的 Photoshop 版本没有自动合并图片的功能，就得手动合并。在下例中，打开那四幅局部扫描图，利用标尺工具一次旋转一幅图稿，这些扫描图就会和图像的边框平行。给第一幅旋转后的图像另起一个文件名：选择文件 > 存储为命令。

　　接下来，你需要调整该图像的大小，或者更确切地说，调整画布大小，直到这幅基底图最后能容纳其他三幅图像。选择图像 > 画布大小（Canvas Size）命令，就会弹出显示目前画布大小的对话框，输入所需的数值，就能将画布变大。箭头簇显示画布是从哪个方向扩展的，如果用鼠标左键单击图像左下角，就能在图像上方和右边增加新的面积，另外单击图像中部则能在图像四周均匀地增加面积。选择"确定"来确定所需画布的大小。注意新增加区域的颜色对应拾色器（color picker）中的浅色。在我们这个例子中，这个颜色是不计在内的。

　　这时候，将多余的图像部分裁切掉是比较稳妥的，注意要小心保留一些和其他扫描图重叠的部分。之所以这样做，是因为有些扫描仪会让扫描稿边缘的颜色变深，而将几幅扫描图合并在一起的时候，就会产生明显的色彩变化。

　　接下来的步骤是将其他三幅图像中的一幅拖到第一幅图像中。有几种方法，为简便起见，这里只示范其中一种方法。使用移动工具（Move），将两幅图像都拖离计算机屏幕上方的对齐线，这样基底图就能位于要添加的那幅图的下方。再次选择移动工具，然后按住鼠标左键，将位于上方的那幅图拖到基底图旁边，看起来就像基底图上新增加了一层图纸。

　　要让这两幅图对齐，可以用"图层面板"（Layers Palette）来改变新添加的那幅图的透明度，然后用移动工具将这幅图放在合适位置。可能这两幅图还是无法完全对齐，因为有些扫描仪扫描出来的图会有些轻微拉伸或歪斜。如果两幅图必须完全对齐，可以选择编辑（Edit）> 变换（Transform）命令，分别试试缩放（Scale）或斜切（Skew）两个工具，或两个工具同时使用。稍加练习，甚至可能做到将两幅图片对齐到像素对应的程度。做到这步之后，选择图层（Layers）> 合并图层（Flatten Image）命令。接下来，另外两幅图也按照这些步骤合并到基底图上。比起四幅或更多图片同时拼合，一幅一幅地按照顺序拼合图片要容易得多。四幅局部扫描图拼合成一幅平面整图后，可以将整图文件保存，以备后用——具体可见示例"平面图上色法"（71 页）。

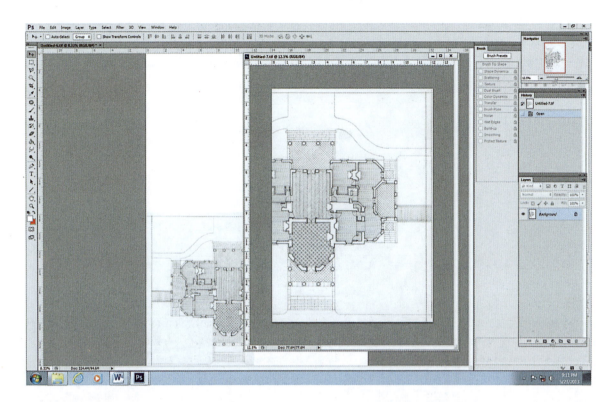

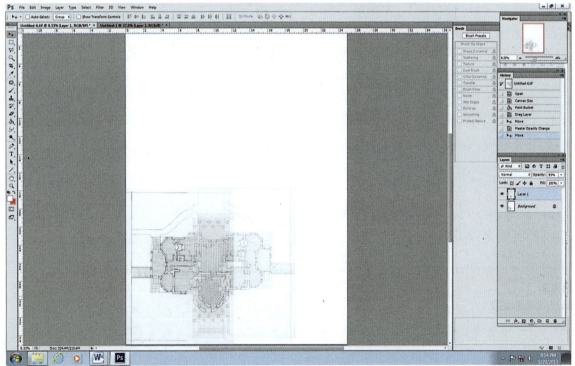

图 4.4
将几幅图拼合成一幅整图的过程

数字扫描技术

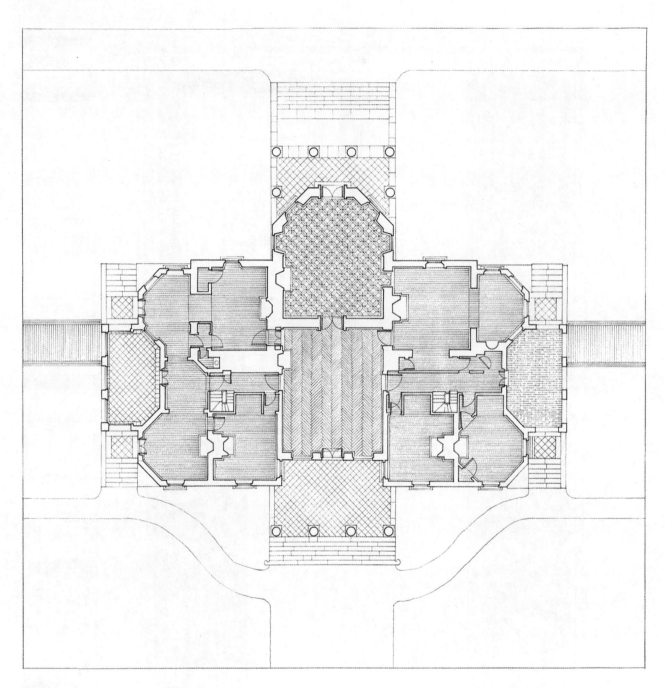

图 4.5
最终完成的图像

第五章
数字色彩

艺术素材自有其逻辑性。

——布鲁斯·科尔[1]

数字化色彩的先例

随着数字技术的出现，绘画艺术也发生了显著变化。如今，插画师——甚至包括那些受过传统绘画训练的插画师——都已经放弃传统绘图方法，改用计算机。数字技术之所以受欢迎，原因很多，例如：计算机使绘画过程变得更加高效、整洁，而且计算机可以随身携带。但是，在我看来，最重要的原因是计算机使绘画过程中的修改变得简单易行。使用 Photoshop 中的"图层"和"历史记录"功能，绘画者就能减少很多传统绘画技法——如水彩画——使用过程中要承受的紧张感，因为绘制水彩画时任何判断错误都会造成无可挽回的灾难性后果。就像其他所有新兴技术一样，第一代使用数字技术的艺术家很快将其功能发挥到极致。一些擅用数字技术的艺术家已经相当熟练地运用数字技术模仿油画和水彩画的传统技法（尽管需要老练的技术），而大部分设计师在工作中不需要达到这种水平。在本书后面的章节，我们会谈到数字技术使用中的一些高级技法，而我们现在要做的是给大家展示如何有效并高效地给一幅传统线条画上色，添加纹理，而且效果还要好于大部分人使用数字技术所能取得的效果。

我们将要展示的这个方法可能需要那些见惯更加逼真的图像的西方读者做出很多思维上的转变。这个方法在几百年前就有了先例，一直影响到今天的印刷和平面艺术作品。19 世纪晚期，日本开始和西方通商，有些西方建筑师和艺术家的作品中很快就呈现出了新的风格，这种风格和日本浮世绘的风格很接近。这些建筑师和艺术家包括米歇尔·德·克拉克、奥托·瓦格纳、儒勒斯·格林、弗兰克·劳埃德·赖特等人。以赖特为例，他对日本美学的直接接触和了解，不仅影响了他的插画，而且也影响了他对空间的看法，虽然人们对此还有争议。

数字色彩

　　浮世绘对艺术家的要求很高，每种颜色都必须人工上色，有时候还需要将纸张在印刷机上过好几遍，这就使画家不得不尽可能将使用颜色的种类降到最少，而且还得最大限度地发挥这些颜色的作用。不同区域内的颜色也是彼此分开，绝不互相浸染的，而且上色的方法只有两种：或者用纯色，或者用渐变色——同一个颜色在一定区域内渐次改变颜色深度。Photoshop 也有模拟日本浮世绘艺术家用色技法的工具，这使设计师们不用具备丰富的经验就可以在很短时间内创作出类似木版画的作品。就像其他技法一样，克制反而使作品更富表现力；对木版画来说，因为条件限制，反而让作品具有很强的艺术感。

图 5.1
蒲原图
作者：歌川丰国

　　在图 5.1 中，简单用色增强了冬天的感觉，仅有的几个用色鲜亮的区域成为构图中的重要元素。

图 5.2
花戏
作者：歌川国安

尽管图 5.2 中使用的颜色多于图 5.1，但上色的方法——无论纯色还是渐变色——却是一以贯之的。作为创作在纸张上的艺术，画中人物抽象化的衣服图案采用平面涂色，完全不受纺织物褶皱线条的影响，大大加强了画面的二维感。

图 5.3
雪中的比丘尼桥
作者：安藤广重

观察图 5.3 中的天空，注意木板纹理如何融入画作中，成为木版画的一部分。

数字色彩

图 5.4
位于斯坦赫夫的利奥波德教堂透视图
作者：奥托·瓦格纳

图 5.5
美术学院：礼堂入口
作者：奥托·瓦格纳

　　图 5.4 和图 5.5 都是奥托·瓦格纳工作室的作品，均带有日本浮世绘特点。在图 5.4 中，图稿的二维表面通过以下几个方式得以突出：教堂的尖顶突出到画面之外，前景部分抽象为一个简单的"阴阳"图，云彩幻化成了曲线线条，几乎不带立体感的纯色块让整个图像变得清晰鲜明，同时上色时需要用的某种蒙版的洒溅状色块会让人想起绘图的过程。图 5.5 用色简练，只有寥寥数种颜色，图画边界和印字融为一体，这两个特点显然也是版画风格。

　　图 5.6 中的左图，不同纹理而非颜色将建筑与周围环境区分开，成为突出建筑的视觉线索。右边的图没有上色，几乎完全依靠边线成图，只运用了一些浅淡的颜色变化来组织和区分构图中的不同元素。

　　图 5.7 用色克制，仅有的几种颜色反而增强了图像的设计感。图中最鲜亮的颜色——其实还是相当柔和的色调——只用在一小块地方，用于强调建筑的入口。注意门前旗子的形状是如何和前景中那位女士的围巾相呼应的。

图 5.6
左图:第二座瓦格纳别墅设计初稿
右图:费迪南德桥
作者:奥托·瓦格纳

图 5.7
贸易展览会馆(第二个项目)
透视图
作者:奥托·瓦格纳

数字色彩

图 5.8
生命的原理 II
作者：赫尔穆特·雅各比

图 5.8 的作者是赫尔穆特·雅各比。雅各比既是建筑师，又是插画师。他绘制了大量建筑透视图，其中包括世界各地一些著名办公楼的设计图。他的作品就像一座桥梁，一边是这里提及的 Photoshop 绘图技术，另一边是瓦格纳和日本浮世绘画家的绘图技法，而他将两种方法结合了起来。雅各比的绘图方式是，先在厚的画纸上用墨线勾勒出详图，然后使用喷枪和夹纸（frisket paper）蒙版给线稿上色。他的许多设计图是用稀释过的黑墨水绘制而成的黑白图稿，图稿中用墨水体现出不同层次的黑色。当然，他的设计图也有彩色的，但常用的也是浅淡的色彩。用色少的好处体现在以下几个方面：

- 对许多人来说，用色越少越容易绘制出好作品；用全彩色的话，驾驭起来比较难，而且需要具备丰富的经验。
- 如果仅用黑白两色或最少量的彩色，就可以专注于表现色彩的浓淡和明暗关系。
- 浅淡色调的运用有利于突出线稿，而不是将其遮蔽。
- 用色越克制，图形越精致而出彩。

浮世绘画家和雅各比所要面对的用色克制问题，在第六章示例中讨论平面图和立面图上色技法时也会体现出来。给线稿上色之前，设计师首先必须确定哪些地方要上色，以及需要运用多少种颜色。每上一种颜色都需要一种叫作蒙版的工具，可以将颜色控制在特定区域内，而不会浸染到外面。蒙版的用法有以下两种：一种是将所要填色区域的边线及边线以外的区域遮蔽起来，仅露出边线内的地方；另一种则相反。如果制作蒙版会让人望而却步，不用担心，Photoshop

数字色彩

中有个工具叫作"油漆桶"(Paint Bucket)——这个工具能让需要上色的区域迅速填上色彩,从而使上色变得简单。它彻底改变了漫画书和绘图小说的制作方法。与浮世绘上色一样,用计算机上色时,效果最好的是纯色块,或渐变色块——无论同一种颜色由浅到深的变化,还是从一个色彩缓慢过渡到其他色彩。简单透视图可能只需要一个蒙版,而复杂的透视图就需要多个蒙版。需要花费的时间和透视图本身的特点决定怎么做才是最合适的。制作浮世绘时,可能总需要用毛笔手绘添加一些细节;用计算机上色时,也需要配备数码绘图板和数字笔刷。

Photoshop 入门知识

Photoshop 可以说是专为艺术家和摄影者开发的最为重要的软件。Photoshop 如今已经推出数个版本,不断更新和改进,许多出版物和互联网网站都对其有详尽的介绍。这里并不准备给读者提供一个 Photoshop 权威用法指南,而只是做一个基础介绍,这样简单易懂,又能让初学者马上入门并上手使用。在自己的绘图技术变得越来越好之后,设计者就可以自己去查阅更多具体详尽的资料。

乍看之下,这个界面有些令人生畏。别担心,要完成本书中的所有练习并不需要什么都懂。下面要介绍的就是 Photoshop 界面的简略版用法指南,包括最基本的工具清单及其用法的简单说明,然后用具体例子说明如何使用这些工具。

图 5.9
界面设置

数字色彩

界面设置（Screen Setup）：这是我最喜欢的工作界面的截图，我花了好几个小时才弄好。我碰到的其他使用 Photoshop 的人也喜欢这个界面，所以觉得有必要将它展示出来。要预设哪个对话框打开或关闭，都可以通过窗口（Window）来解决，它就在位于屏幕顶端的菜单栏那里。

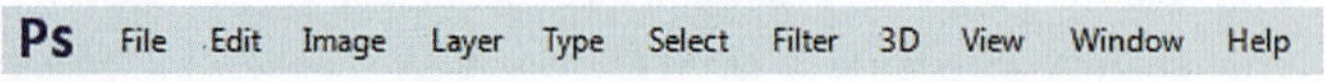

图 5.10
菜单栏

文件（File）

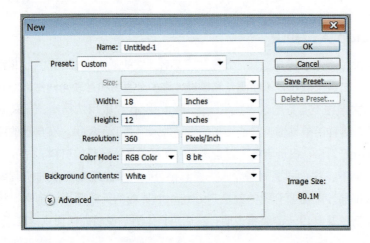

图 5.11
新建图像文件设置对话框

- 新建（New）：该工具用于新建一个图像文件。要在对话框中设置所需图像的大小（用英寸表示），只需调整图像尺寸和图像分辨率就可以了。如果设置的图像大小是 10 英寸 ×10 英寸，分辨率是每英寸 50 像素，那么图像文件的大小就是 732 K，这就和大小为 5 英寸 ×5 英寸，分辨率为每英寸 100 像素的图像文件一样大了。文件并不是越大越好，20 MB 大小的文件通常比较合适，很少需要或必须用到 100 MB 以上的文件。大文件会降低计算机的运行速度，而且用上图层之后，最后产生的文件可能大到让计算机无法正常运行。
- 浏览、查找（Browse, Find）：这两个工具用于查找和打开已经存在的文件。
- 存储、存储为（Save, Save as）：第一个工具用于保存新文件或修改过的文件，第二个将文件用另一个文件名保存或用另外的格式（如 JPEG 或 TIFF）保存。可参见第四章"数字扫描技术"。
- 页面设置、打印（Page Setup, Print）：这两个工具用于将文件打印出来。

编辑（Edit）

- 剪切、复制、粘贴（Cut, Copy, Paste）：这些工具的使用方法和文字处理软件中的相似。
- 变换、自由变换（Transform, Free Transform）：这两个工具用于控制整个图形的大小或方向。在它们下面还有若干子工具：缩放（Scale）、斜切（Skew）、扭曲（Distort）、变形（Warp）、透视（Perspective）。这些工具的用处都很大。

图像（Image）

- 模式（Mode）：灰度（Grayscale）用于黑白图像；RGB 主要用于 Photoshop 中的彩色图像；CYMK 则是专业打印经常需要的颜色配置文件。
- 调整（Adjustments）：曲线（Curves）是一个非常有用的工具，用于调整图像的相对对比度和色彩强度，它的调整效果要比色阶（Levels）和亮度/对比度（Brightness/Contrast）好。要掌握该工具的用法，最好的方式就是一边用一边学：可以试试如何将光标置于对角线中心点上，同时按住鼠标左键沿着对角线上下移动光标。观察一下中间色调如何在不影响最浅或最深色调的情况下变得更浅或更深。要增加对比度，可以试试将图形相对两端上的点单独或一前一后沿水平方向向中心移动；要减少对比度，则是垂直移动这些点，使其远离两端。色彩平衡（Color Balance）用于颜色上的细微调整。色相/饱和度（Hue/Saturation）用于降低或调整颜色的色相和饱和度。
- 复制（Duplicate）：用于复制图像文件。
- 图像大小（Image Size）：要改变图像大小，既可以通过改变图像的尺寸大小，也可以通过改变图像的分辨率，或两者同时改变。数字图像是用色调或颜色构成的一个个小方块（即像素）组成的。改变图像的大小能够有效地增加或减少像素，也就是让 Photoshop 对现有像素进行抽样，然后添加与旧的像素平均值一样的新像素。在这个过程中，如果用最近相邻（Nearest Neighbor）、两次线性（Bilinear）、两次立方（Bicubic）这些命令，会更加精确。试试缩小一个含有文字的图像，看看图像是怎么变化的。
- 画布大小（Canvas Size）：用于增加或减少图像的区域。如果是增加，那么增加区域的颜色就是拾色器中较浅的颜色。
- 图像旋转（Rotate）：这个工具的名称足以说明其用途。

图层（Layer）

- 新建、复制图层（New, Duplicate）：将图层想象为置于象棋棋盘盘面上的一叠排得整整齐齐的图纸，其中一些图纸可能用视觉信息将整个盘面填满，而其他的图纸仅填满一部分，剩余的盘面依旧清晰可见（通过观察棋盘图案就可知道）。在添加新图层时，可以为其设定一个颜色，也可以将其设为透明，或使用复制现有图层的方式。图层工具可用于将图像拼接在一起，或者用于隔离需要调整的区域，或者用于创建蒙版。关于图层的更多用法可见本书中的练习。

数字色彩

选择（Select）

- 全部、取消选择、重新选择、反选（All, Deselect, Reselect, Inverse）：这些工具常用于对选定图像中的某个区域进行调整。关于"选择"功能的更多信息可见有关"色彩范围"和"工具"的部分。
- 色彩范围（Color Range）：在调整颜色时，比较可取的做法是，只选择一种颜色或色调。利用吸管工具在图像中选取一种颜色（要想了解更多信息，请见"工具"部分）；在弹跳出来的对话框中，有一个滑动条和预览窗口，用于调节颜色的选取范围，即决定那些和已选定的颜色相近的颜色在多大程度上也能被选上——越往左选取范围越窄，越往右选取范围越宽。早期的 Photoshop 版本要求在对话框出现之前就首先用吸管工具选好颜色，现在的新版本则要求在对话框出现后才使用吸管工具。

滤镜（Filter）

Photoshop 中有许多用于改变图像效果的滤镜，这些滤镜可以单独使用，也可以一起使用。

- 艺术效果（Artistic）
    - 海报边缘（Poster Edge）：这个滤镜可将色调绵延，没有边缘感的图像变成有边界的图像，其效果比查找边缘（Find Edges）好。详见示例：Photoshop 高级使用技巧（127 页）。
    - 水彩（Watercolor）：该滤镜可以根据不同主题和大小调整图像，使其产生漂亮的水彩效果。
- 模糊（Blur）：高斯模糊（Gaussina Blur）允许最大限度地调控模糊效果；特殊模糊（Smar Blur）可以产生绘画效果。
- 杂色（Noise）：添加杂色（Add Noise）可以产生某些纹理效果。
- 锐化（Sharpen）：使用恰当的话，可以让低分辨率图像看起来包含更多的细节。
- 风格化（Stylze）：扩散（Diffuse）可使图像边缘变得柔和，能够将硬朗的线条看起来像是用铅笔画出来的。
- 其他（Other）
    - 最大值（Maximum）用于将线条变细或用于产生特殊效果。
    - 最小值（Minimum）用于将线条变粗或增加蒙版范围。

视图（View）

- 显示额外内容（Extras）：用于显示参考线。要新建一条参考线的话，无论水平方向还是垂直方向，可以先单击移动工具，并将移动光标置于标尺栏上，然后按住鼠标左键将参考线拖到想要的位置上。可以一次性设置多条参考线。要删除参考线，或者按照前面的方法将其拖到最初的位置上，或者打开"视图"菜单，不勾选"显示额外内容"。

- 标尺（Ruler）：在垂直方向和水平方向上各显示一个标尺。

窗口（Window）

该菜单用于打开（勾选）或关闭调板（对话框）。我本人喜欢将以下这些选项打开：

- 工具（Tools）
- 导航器（Navigator）：其功能是迅速放大或缩小图像，也可用于显示图像的哪个区域被显示在屏幕上。
- 历史记录（History）：依次记录我们的每次操作，通过历史记录面板，我们可以回到先前的某次操作状态中；系统默认的最大记录次数是25次，我们可以通过预设（Preferences）设置来增加记录次数。
- 图层（Layers）：用以按顺序从上往下显示所有图层，最上层的图层会让下面的图层变得模糊不清；图层可以打开、关闭，或局部透明化，或解锁、锁定、隐藏、重新排序、删除，以及和其他图层合并。
- 状态栏（Status Bar）：显示出现在计算机屏幕上的图像放大比例，以及当前或处于活动状态文件的大小。

工具（Tools）

图5.12
工具栏

工具栏包含Photoshop中的部分工具；其他工具都隐藏在可以看见的那些工具底下，如果要用的话，可以单击并按住当前可见的工具。因为这里只是提供一个入门的基础介绍，所以不会涉及所有工具。

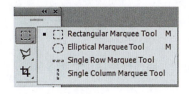

图5.13
选择工具

选择工具（Select Tools）：用于精确选择图像中几何图形区域。

图 5.14
移动工具

移动工具（Move Tool）：用来移动选区，或使整个图层复位。

图 5.15
套索工具

套索工具（Lasso Tools）：这几个索套工具用于确定不规则图形选区。按住鼠标左键就可以用一般套索工具拖动出一个自由形状的轮廓线，鼠标在哪里松开，这条轮廓线就能在哪里闭合构成一个封闭图形。通过单击鼠标左键，多边形套索工具可以生成直的线段，这些线段可以闭合形成一个空间。用一般套索工具时，拖动结束和开始的地方邻近，在箭头旁边会出现一个小圆圈，这个小圆圈表示只要再单击一下鼠标，画的图形就可以闭合。在生成图形时，按住 Alt 键，这两种套索工具就能迅速具备对方的选区模式。

图 5.16
套索工具的选区运算按钮，从左往右：创建新选区、添加到选区、从选区减去、与选区交叉

套索工具的选区运算选项（Lasso Tool Modifiers）：这些是和其他工具一起使用的。
- 创建新选区（Single）：一次只允许生成一个选区；
- 添加到选区（Cumulative）：创建新的选区时保留原有的选区；
- 从选区减去（Subtract）：用于删去部分选区；
- 与选区交叉（Difference）：只保留两个选区的交叉区域。

图 5.17
魔棒工具及对话框

魔棒工具（Magic Wand）：用于选择连续区域；该工具要与对话框一起使用，对话框决定了与吸管工具抽取的颜色类似的色调或颜色的选取范围。容差值为 0，表示颜色的选择范围最小；容差值为最高值 250，表示选择的范围最大。

图 5.18
裁剪工具

裁剪工具（Crop Tool）：用于修剪图像边缘。

数字色彩

图 5.19
画笔工具和铅笔工具

画笔工具和铅笔工具（Brush and Pencil Tools）：这些工具与现实中的画笔和铅笔的用法类似，用于给图像上色，产生各种不同的效果。可以通过鼠标来操控这些工具，但在数字环境下绘图，用光笔和压力感应平板要容易得多。

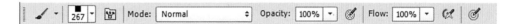

图 5.20
画笔工具和铅笔工具对话框

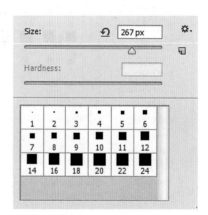

图 5.21
画笔大小与笔尖形状对话框

要调整画笔大小，单击屏幕上方调板中紧邻"画笔"图标右侧的黑色方块，之后会出现一个对话框。将滑块从左往右拉就会让笔刷变大，也可以通过键盘操作来改变画笔大小——按"["键变小，按"]"键变大。画笔的不透明度和流量同样可以选择，通常会把这两个选项或其中之一降到10%或低于10%，这样比较实用。多次使用透明度较低的画笔之后，随着图像重叠就会出现越来越透明的效果。

63

数字色彩

要改变笔尖形状，在显示画笔像素大小的方框右边有一个小小的 >> 符号，单击一下这个符号，就会出现一个对话框，对话框中有多种形状的笔刷可供选择。圆形和方形笔尖是常用款，还有其他各种特殊形状的笔尖可供选择。如果觉得这些笔尖还不够用，许多网站都有教授如何自制画笔的教程，可以学习。

要改变画笔属性，还可以在画笔属性设置对话框里进行操作。

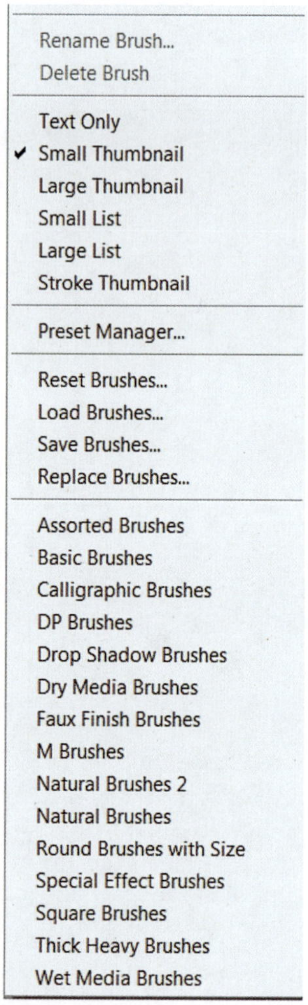

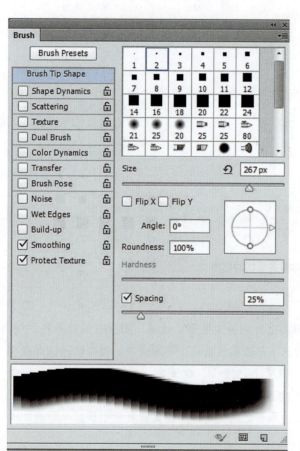

图 5.22
画笔预设管理框

图 5.23
画笔属性设置对话框

单击文件浏览器左边正方形标志。再次说明：本节目的只是介绍一些 Photoshop 入门基础知识；设置画笔属性属于比较深入的知识，而本书后面的一些练习需要用到这方面的知识。

图 5.24
仿制图章工具

仿制图章工具（Clone Stamp Tool）：用于将图像某个区域用另一个区域替代。打开仿制图章工具，将光标停在要仿制源处，按下 Alt 键，光标就会变成一个靶标的样子。单击鼠标，锁定这个靶标，然后松开鼠标，并将光标移动到要被替换的地方，按住鼠标左键不放就可以开始将这里替换成仿制源的样子了。这个工具的用法和画笔工具差不多，画笔大小、不透明度和流量都可以调整。

图 5.25
橡皮擦工具

橡皮擦工具（Eraser Tool）：和画笔工具的用法类似，即橡皮擦大小和不透明度都可以调节。橡皮擦工具可以清除所用图层上的任何东西。在原图层或背景图层上操作时，不管拾色器当前显示的是什么背景色，橡皮擦工具都能将其显露出来。如果背景图层被关掉或删除了，使用橡皮擦工具则会显露出一个由白、灰方块构成的类似国际象棋棋盘的图案，表明该区域已经干净了。

图 5.26
渐变工具和油漆桶

渐变工具和油漆桶（Gradient and Paint Bucket Tools）：这两种工具都可以用于快速填充大面积颜色。

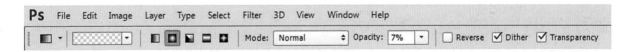

图 5.27
渐变工具对话框

刚开始接触 Photoshop 的人通常不太会用渐变工具，因为系统默认的渐变梯度是从全彩色到白色的范围。我使用渐变工具只有一个方法，那就是模仿喷笔的用法，从全彩色到透明。要将这一功能设为默认，单击命令栏中编辑和图像两个单词下方的矩形框，就可以进入渐变编辑器对话框进行设置。

数字色彩

图 5.28
渐变编辑器对话框

选择从左上角开始往右的第二个方格，该方格显示的色调变化是从不透明到透明，或者说是从前景色到透明。渐变平滑度和速度也是可以调节的。在那个单击弹出渐变编辑器的矩形框的右边，有五个方形按钮，用于改变渐变工具上色的方式，并显示正在使用的是哪种方式。我只使用以下三种方式：

图 5.29
渐变对话框：线性渐变

● 线性渐变（Linear Gradient）：上色的方式是从不透明到透明的连续渐变。将光标放到画面中想渐变的位置上，按住鼠标左键不放，拖曳出一条直线，该直线路径和长度决定了渐变色会用在画面中的哪个区域。松开鼠标键的位置就是上色区域的终点。注意：渐变色的不透明度无须用到100%，即便只有5%，产生的渐变效果也非常明显。在五个渐变方式按钮左边有个窗口，不透明度可以在此进行修改。

图 5.30
渐变对话框：径向渐变

- 径向渐变（Radiant Gradient）：渐变区域为圆形，颜色最浓的地方是圆形的中心，从中心点向外逐渐改变颜色，直至外圈变为透明。

图 5.31
渐变对话框：对称渐变

- 对称渐变（Reflected Gradient）：先从透明过渡到不透明，接着从不透明过渡到透明，从而形成对称的渐变效果。该方式可用于圆柱形物体的渐变上色。

图 5.32
油漆桶工具

油漆桶工具（Paint Bucket Tool）：可给选定的连续区域迅速上色——这个区域可以由线条，或由另一个色域来框定。容差决定什么颜色将被填充到被框定的区域内，0 和 255 的容差值分别表示最小和最大的填充色选择范围。

图 5.33
模糊、锐化、涂抹工具

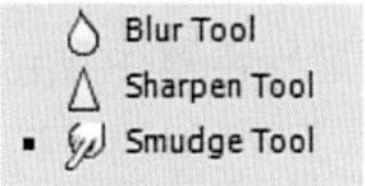

模糊工具（Blur Tool）：用法和画笔类似，都可以改变笔刷大小和强度；模糊工具尤其适用于柔化拼接图像的边缘。

锐化工具（Sharpen Tool）：与模糊工具的功能类似，但生成的效果完全相反。锐化工具常用于模拟低分辨率图像中的细节。

涂抹工具（Smudge Tool）：配合合适的笔刷大小、强度，可以模糊或柔化图像中的各种元素，如云彩、人物脸部的肤色，还可用于产生一些更加特殊的画面效果，就像用手指作画那样。

图 5.34
减淡、加深、海绵工具

减淡工具（Dodge Tool）：可以使涂抹过的区域颜色减淡，变亮。减淡工具的大小、减淡的精确范围和曝光度（强度）等都可以调节和设置。

加深工具（Burn Tool）：可以使涂抹过的区域颜色变深。

海绵工具（Sponge Tool）：可以降低或增加图像局部的色彩饱和度。海绵工具的大小、流量和强度都可以调节和设置。

数字色彩

```
■ T  Horizontal Type Tool       T
  ↓T Vertical Type Tool         T
  T  Horizontal Type Mask Tool  T
  ↓T Vertical Type Mask Tool    T
```

图 5.35
文字工具

　　文字工具（Type Tool）：用于在图片中插入文字，字体、字号和颜色都可以选择。含有文字的新图层必须栅格化后才能进行其他操作。要对图层进行栅格化，可以将该图层合并到另一个图层上，也可以右击图层菜单里的新建文字图层，然后选择"栅格化图层"选项。这时，文字边缘就会变得有些模糊，栅格化图像最适用于照片和阴影图，而矢量图更适用于艺术线条插图和印刷字体。本书所有插图都经过了栅格化。

```
  □  Rectangle Tool         U
  □  Rounded Rectangle Tool U
  ○  Ellipse Tool           U
  ⬠  Polygon Tool           U
■ /  Line Tool              U
  ✱  Custom Shape Tool      U
```

图 5.36
形状工具：直线工具、自定义形状工具

　　矩形工具（Rectangle Tool）、圆角矩形工具（Rounded Rectangle Tool）、椭圆工具（Ellipse Tool）、多边形工具（Polygon Tool）：这些工具的用法和选框工具（Marquee Tool）相似，只是拾色器中显示的前景色会立即填充到新建的形状中。

　　直线工具（Line Tool）：生成直线或成角的线条。要画出垂直线或横线，可按住 Shift 键。线条颜色和用像素表示的线条宽度都可以设置。和文字工具类似，新建的线条必须栅格化后才能进行其他操作。

　　自定义形状工具（Custom Shape Tool）：这个工具提供了一些精选的形状（如指向箭头），这些形状的大小和放置的位置都可以设置。

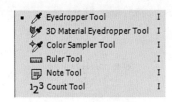

图 5.37
吸管工具、颜色取样器工具、标尺工具

　　吸管工具（Eyedropper Tool）：对图像某个区域的颜色取样，并进行选择。可以设置成只选择一种像素（点样本），或设置为 3×3、5×5 或者更高的像素平均值。选择的颜色会成为拾色器中的前景色。

　　颜色取样器工具（Color Sampler Tool）：定位、标志一些取样点，并用数字来表示这些取样点。该工具用于精细对比图像中的不同区域。

标尺工具（Ruler Tool）：用鼠标在图像上单击一下，然后按住鼠标左键不放，拖动出一条直线。松开鼠标左键，这条线的相关数值就会在屏幕上方的信息栏中体现出来。这个工具可用于测量距离，也可用于旋转图像，使其与画面的边界平行。有关标尺的更多信息，可参见第四章。

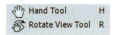

图 5.38
抓手工具

抓手工具（Hand Tool）：放大图像时用于平移图像。

图 5.39
缩放工具

缩放工具（Zoom Tool）：可在工具栏中进行切换来缩小或放大图像。

图 5.40
颜色指示器

颜色指示器（Color indicator）：顶层颜色，即前景色，是指当前颜色，是画笔或渐变工具将会使用的颜色，也是吸管工具的填充颜色。如果当前处理的图层是背景图层，其底色就是某个区域被橡皮擦涂抹后会露出的颜色。用颜色指示器储存画笔或渐变工具的备用颜色，也很方便。要转换前景色和背景色，可以单击图标左下角那个黑白矩形叠加的标志，也可以单击右上角那个箭头标志。要改变前景色，单击前景色方框，弹出"拾色器"对话框。

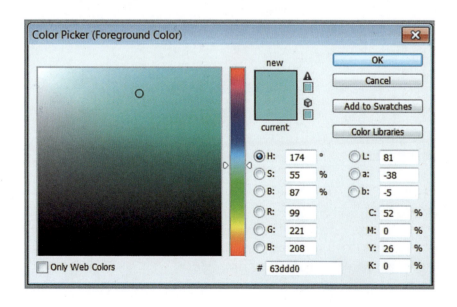

图 5.41
拾色器对话框

数字色彩

69

数字色彩

图 5.41 所示的是当前使用的这种蓝色所有可能的色调变化：左上角对应的是纯白色；左下角对应的是纯黑色；右上角显示的是这种蓝色最纯净、最鲜明的色调；右下角的颜色看起来接近黑色，但其实是这种最纯净、最鲜明的蓝色与黑色的混合色。色域中那个小圆圈所圈中的颜色就是当前前景拾色器中显示的颜色，并且用数字形式显示在窗口中。如果要另选一个颜色，可以将光标移动到新的颜色位置，单击即可。拾色器中间的色谱竖条上有一个用两个相对三角形构成的移动杆，将光标放在移动杆上，按住鼠标左键上下移动移动杆，就能改变颜色或色度。

注释

1. Cole, B., *The Renaissance Artist at Work: From Pisano to Titian*, Harper & Row (New York), 1983, p. 57.

第六章
上色混合技法

比起传统方法，用 Photoshop 上色有以下几个优点。
- 上色快：大片区域上色也只是几秒的事情。
- 每个步骤结束时，呈现出来的图像都是完成状态的；即便时间有限，只能上好一两种颜色，也比完全黑白的图像能够更好地传达信息。另一方面，如果时间允许，图像还能进一步完善。
- 不同图层的上色区域可以彼此隔离，分别调整，无论关闭或开启图层，还是将上色区域变成半透明状态，或利用 Photoshop 的其他工具和滤镜调整。
- 历史记录画笔是 Photoshop 里的图像恢复工具，在绘图过程中，如果哪里出错了，想要进行修改，就可以回到先前的某个操作状态中。
- 在绘图过程的任何一个阶段，图像在修改之前都可以先保存起来。最实用的做法是在创建和保存修改后的图像时在文件名称中加上当时的日期。
- 即使因为设计或其他变化，需要对已经完成的图像继续进行修改，也很容易。

示例：平面图上色法

打开文件，确认图像文件是彩色的，相关参数也是正确的。打开图像 > 模式，确认 RGB 颜色准确，每个通道的值都是 16 或 16 以上的进位。如果后面发现 Photoshop 某个或某几个滤镜无法使用，不妨把每个通道的值降到 8 进位，但这样可能会稍微缩小颜色的选择范围。接下来的示例用的扫描图都是用传统方式上色的图像。如果更喜欢用计算机辅助设计的图像，那么就要确保每幅矢量图都已经栅格化，即要将图像文件保存为 JPEG 或 TIFF 格式。用计算机辅助设计的图像经过以下两个步骤，看起来就会像是用手工绘制的：首先选择滤镜 > 风格化 > 扩散命令，或者选择滤镜 > 杂色 > 添加杂色命令，然后再选择滤镜 > 模糊 > 高斯模糊命令。

上色混合技法

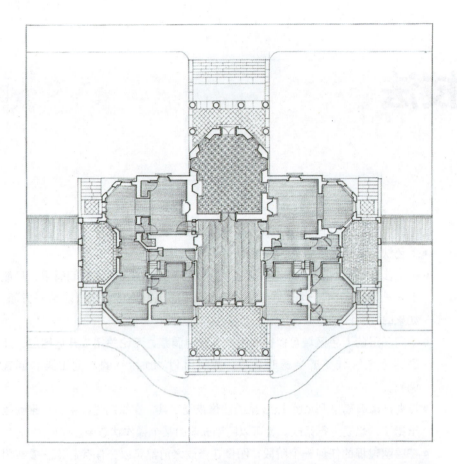

图 6.1
线条平面图

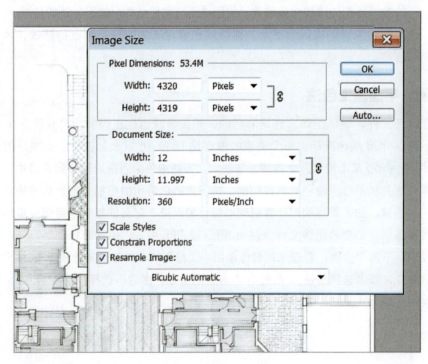

图 6.2
栅格化图像

上色混合技法

接着，你可能想将这个图像栅格化。如果此时图像大小已经超过 20～40 MB，计算机可能无法顺利完成上色过程。文件大小会显示在屏幕左下角的地方，随着 Photoshop 里面的图层不断增加，屏幕上会出现第二个数字，显示增加图层后文件的大小，随着图层越加越多，这个数值也会变得越来越大。在一个已经很大的图像文件上不断增加图层，可能会最终超过计算机的处理能力，使计算机的运行速度变慢，甚至死机。如果计算机屏幕上出现一条信息，显示"暂存磁盘已满"，那就意味着被 Photoshop 当作短期存储器使用的硬盘驱动器的容量已经不足，无法再继续工作下去了。这时候就可以通过预设来设置另一个硬盘驱动器为暂存磁盘。

在本例中，将图像大小调整为 30 MB 左右。选择图像＞图像大小命令，弹出一个对话框。我们要调整的只是文件大小或分辨率，而非用英寸表示的图像原始尺寸。此时，在对话框顶部，图像的像素大小（Pixel Dimensions）显示为 53.4 MB。要将文件变小，可以将分辨率从每英寸 360 降到 280，像素大小就会随之变为 32.3 MB。如果仔细观察调整后的图像，就会发现平面图的线条变得有些模糊，尤其是那些描绘曲线的锯齿状边缘。但是，牢记图像的最后用途，这一点很重要。如果图像用于 11 英寸×17 英寸的宣传册，或用于制作 PPT，那么 32 MB 大小的文件分辨率就过高了。不信的话，可以打开标尺栏，单击视图＞标尺，你会发现我们必须将原先 12 英寸×12 英寸的图像扩大到原尺寸的 4 倍大（即 24 英寸×24 英寸）才能注意到图像清晰度降低了。

调整好文件大小之后，就要用新文件名将图像保存起来，这样才能和图像原稿区分开。

接下来，就要对保存后的平面图做一个变动：北边那条小路不包括台阶，而是要从台阶旁经过。修改方法有两种：一种是用仿制图章工具，具体方法参见第五章。另一种方法是将整个图像复制一份，并将该副本中的一个特定区域隔离出

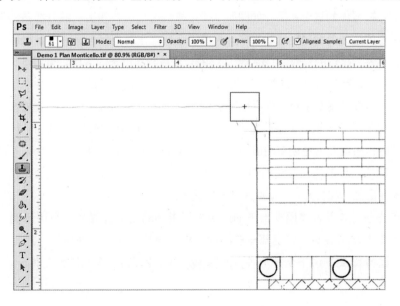

图 6.3
利用仿制图章工具修改图像

上色混合技法

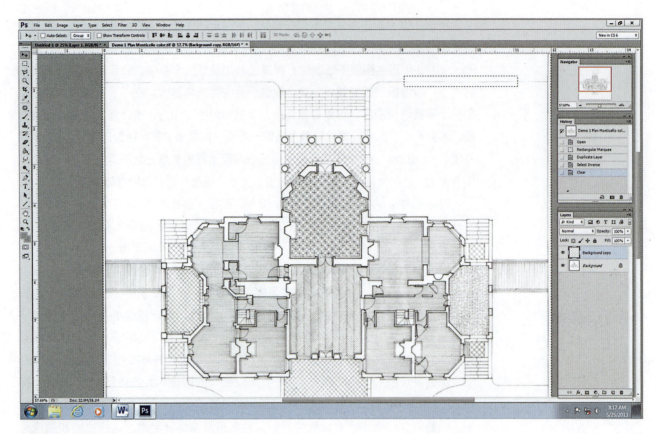

图 6.4
将图层副本的一个区域隔离出来用于修改

来，放在新位置上。选择图层 > 复制图层命令，弹出一个对话框，显示复制图层的名称。这个名称可以改，改好后单击"确定"按钮。将其他所有图层都关闭，只保留当前正在操作的这个图层。如图所示，用矩形选框工具圈出一部分线条，被隔离区域周围的虚线就会轻轻活动起来，表明该区域处于可用状态——这条微动的虚线有时被称为"跳舞的蚂蚁"。我们想保留的只是被隔离出来的区域，可以选择选择 > 反选命令，选定矩形框之外的所有区域，按 Delete 键，然后选择选择 > 取消选择命令。这时可以在图层窗口中观察到图层副本背景中的大部分图像已经变成国际象棋棋盘的样子。可以把每个图层想象为一层被图像完全覆盖或部分覆盖的透明塑料，这个"象棋棋盘"就是所有图层覆盖之下的桌面。如果能看到棋盘，就说明隔离区域是透明的，目前任何激活的图层上面都没有图像。单击背景图层上的眼状图标，将背景图层关掉和打开，确认原来选择的区域还存在。

点击移动工具，将隔离出来的区域按要求移动到新位置上。在该示例中，需要用仿制图章工具将台阶底部一些小的区域清理掉。在图像处理好之后，激活新图层，选择图层 > 向下合并（Merge Down）命令，将两个图层合二为一。

上色混合技法

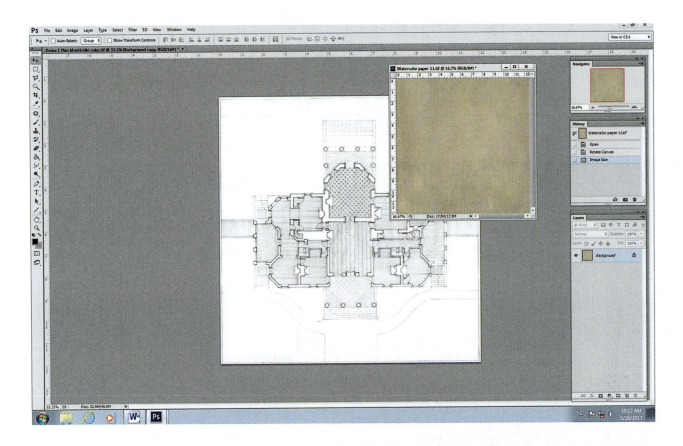

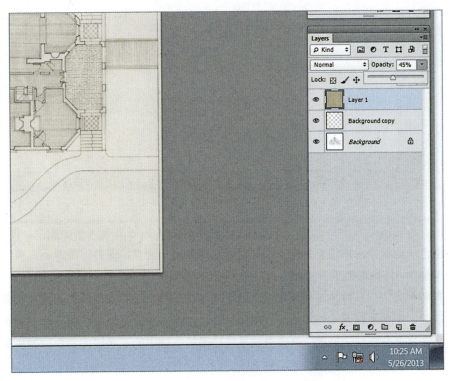

图 6.5
导入一个色块

上色混合技法

上色方法有几种。在本例中,我们要处理的是包含几个事先准备好的色块的素材,用水彩工具生成的纹理效果和平面图原稿的手绘效果将互为补充。打开文件并调整大小,使调整后的文件略大于原来的平面图。接下来,按住鼠标左键不放,用移动工具将文件拖离图像屏幕顶部的对齐线,向下拖到屏幕中部的工作区域。

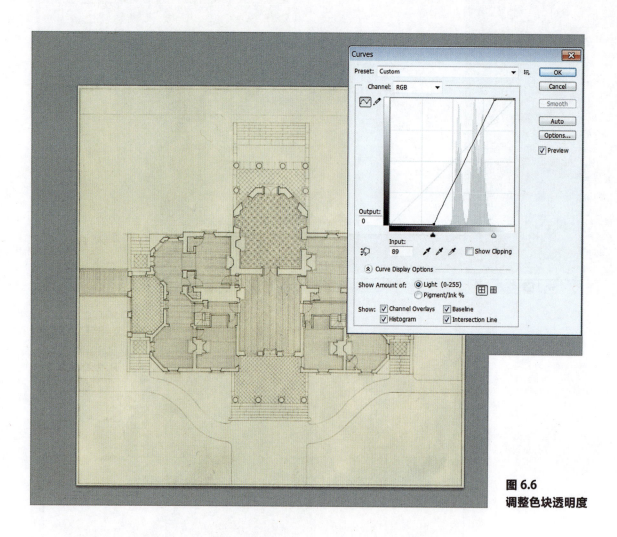

图 6.6
调整色块透明度

当色块悬浮于平面图上方时,再次利用移动工具将其拖入平面图中。然后,将色块重新拉回到顶部的对齐线位置或直接关闭(注意:保存图像时不要再做任何变动),并切换到平面图,使色块完全覆盖平面图。要让平面图线稿看得见,有两种方法:一种方法是将新图层的属性由正常模式改为混合模式,这种方法很有效,前提是新图层的不透明度未被改动过,因为那样会破坏图像品质。另一种方法是调整色块透明度,具体做法是拉动图层色板中的不透明度滑块,如将其拉至45%。本处示例用的是第二种方法。

上色混合技法

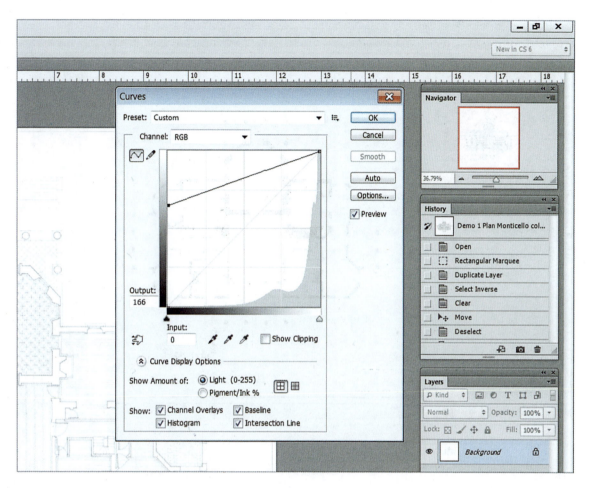

图 6.7
利用曲线调整色块对比度

　　如果图层不透明度调整后，色块纹理消失了，可以通过增加对比度将其找回。选择图像 > 调整 > 曲线命令，将左下角的方形滑块移动到右边，并长按鼠标左键，将右上角的滑块移动到左边，观察一下调整后的效果。如果已经没有时间继续调整下去，那么这时呈现出来的图像就可以直接当作成品。在本例中，我们会继续调整下去。接下来的每个步骤都会逐步提升图像的表达效果，关键是我们有多少调整时间。我强烈建议在每个图层上保留所有色彩。通常比较谨慎的做法是新建一个图层，用于调整或添加，但这个图层修改后必须立即和原有的有色图层合并。有色图层太多，处理起来很麻烦，甚至可能导致技术上的问题，要解决这些问题往往会让人烦恼。如果无法一直只用一种颜色，不要忘了可以随时激活蒙版来做新的改动。

77

上色混合技法

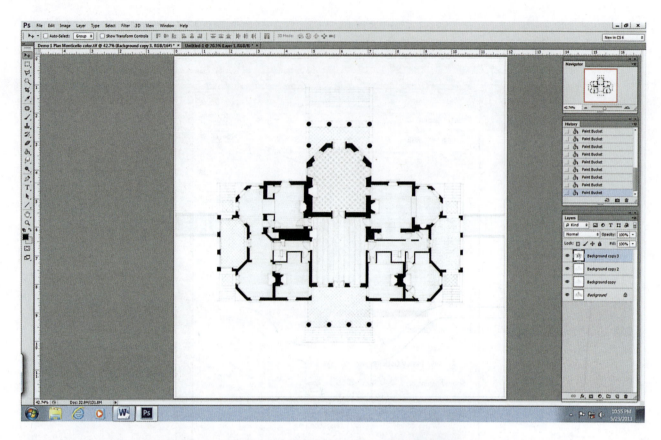

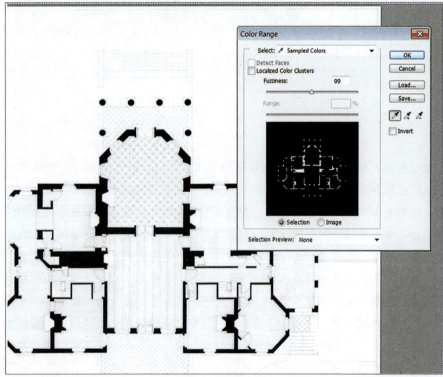

图 6.8
给建筑墙体创建一个蒙版

用 Photoshop 给图像上色和用喷笔上色类似，都需要一个或一个以上的蒙版。这些蒙版对应的区域要么需要上色，要么就是避免给相邻区域上色的时候被污染。第一步是新建几个蒙版。在本例中，我们会使用四种不同颜色，因此需要三个蒙版（第四种颜色是底色）。首先，打开图层窗口，单击图层旁边的眼睛图标，关闭水彩图层。随着眼睛图标在对话框中消失，屏幕上的彩色图层也会消失。要创建第一个蒙版，选择图层 > 复制图层选项。这么做的原因很快就能揭晓。选择好新图层后，选择图像 > 调整 > 曲线选项。

将光标移到和直方图中最黑部分对应的对角线角落处的滑块上，然后按住鼠标左键不放，将对角线末端垂直上下移动。（其他不同版本的 Photoshop 可以在曲线工具中对调黑白部分的数值，所以要注意哪种方式是适合自己使用的。）移动对角线末端可以将最黑部分的色调减淡，变为浅灰色。然后，单击"确定"按钮。

激活一个新图层后，要使用油漆桶工具。将油漆桶的容差值先设置为 25。容差用于控制在色调行或色调区域之间填充颜色的选择范围。油漆桶图标左上方的小三角形是上色起始点。将光标移到要上色的区域，按住鼠标左键就可以上色了。如果填色的区域要用于创建蒙版，就一定要用纯黑色。之所以用黑色，是因为后面我们选择由蒙版框定的区域时，选择过程有时会在蒙版边缘处残留下一圈淡淡的颜色，而黑色残留下的是浅灰色，这个颜色通常能（或更容易操作，以便能）和线稿图上的线条相容。要创建第一个蒙版，我们需要用油漆桶工具将图中所有实体墙都填充上颜色。制作草稿图的技艺很重要，如果原图中的线条画得不连贯或在角落处没有相连，用油漆桶工具填色时颜色就会从裂口渗出，这样就可能需要另外绘图来补救了。或者，也可以通过降低油漆桶工具的容差值来避免颜色外溢的问题，但使用这种方法时，黑色可能无法一直填充到线条边缘处，这样的结果是我们不愿意看到的。下面就会谈及如何用扩大黑色区域的方法来补救。

上色混合技法

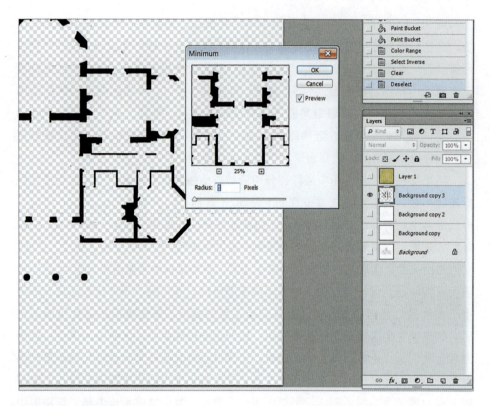

图 6.9
将黑色墙体区域隔出来

　　蒙版应该只包含图中纯黑色的区域。要将图像中的其他区域排除在外，可先检查一下工具栏中的前景色按钮显示的是否为纯黑色。接下来，打开选择 > 色彩范围。较新版本的 Photoshop 可能要求在打开选择对话框后选择前景色。将对话框中的颜色容差滑块拉至大约中间的位置，以调节纯黑色的被选概率：滑块移至最左边，只会选择黑色；移至最右边，黑色和接近黑色的一系列黑灰色也会被选上。在本例中，我们只想选择黑色和尽可能多的深灰色，但不选择平面图稿中其他部分的浅灰色线条。设置好模糊度后，那条被称为"跳舞的蚂蚁"的虚线再次出现了。这时候，选择选择 > 反选命令，并按下 Delete 键。较新版本的 Photoshop 可能要求在一个弹出的菜单中选择一个颜色以取代被删除的区域。如果出于某种原因，背景区域并没有消失，那么可以试一试橡皮擦工具，但必须事先确定当前图层下面的其他图层是关闭的状态，如果它们是打开的，可能会让你误认为什么都没有发生。

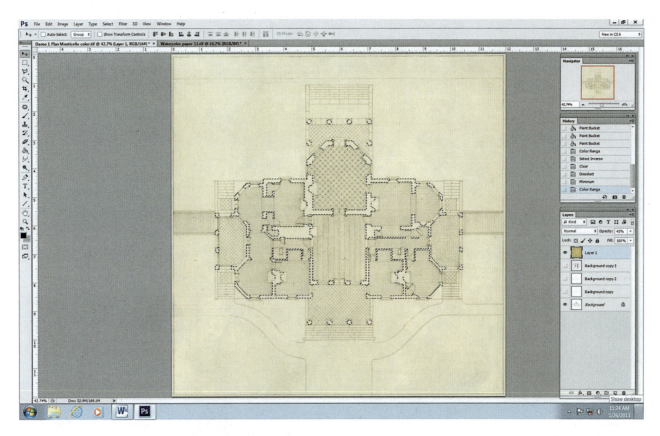

图 6.10
在有色图层上选定墙体区域

　　黑色区域被区隔出来后，让蒙版只在基底图像的线条间填色的方法之一就是选择滤镜＞其他＞最小值命令，在弹出的对话框中可以设置让图像一个像素一个像素地向外扩展。在本例中，向外扩展一个像素似乎就够了。对于用更接近草稿的线稿来制作的蒙版来说，该方法尤为有效，而且效果很好。接下来就是选择选择＞色彩范围命令，将颜色容差滑块移到右边。因为已经选定了黑色墙体，所以可以切换到图层对话框。关掉蒙版图层，然后打开有色图层和原来的线稿图层，并激活有色图层。

上色混合技法

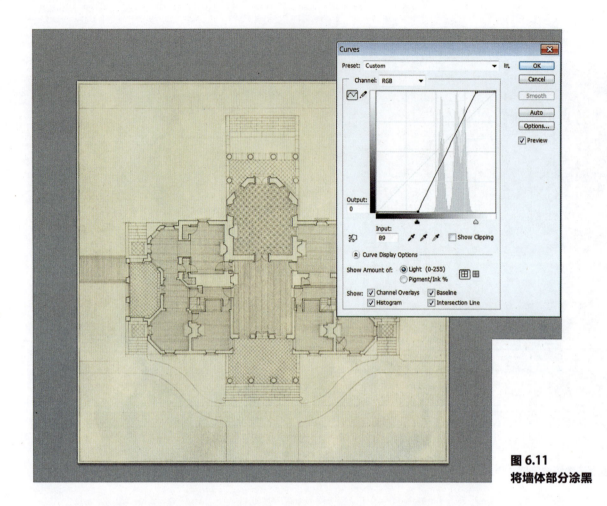

图 6.11
将墙体部分涂黑

现在只有墙体区域被选定了，观察一下"跳舞的蚂蚁"，此时需要再次确定有色图层是激活的。有两种方法可以给墙体上色，下面将一一讲述。

1. 选择图像 > 调整 > 曲线命令，并重新调整方形滑块的位置，将其移到如图所示的位置，以将墙体涂黑。在调整的过程中，如果觉得那些"跳舞的蚂蚁"会分散注意力，可以按 Ctrl+H 组合键，不仅能将其关闭，还能保持墙体的被选定状态。在进行下一个任务前，要记得再次启动"跳舞的蚂蚁"，或取消选定区域。

2. 另外一种将墙体涂黑的方法需要创建一个新的图层，用画笔工具上色。如果原有的有色图层不透明度只有 45%，只使用曲线工具，能够调整的黑色色度范围就会受限，这时候用这个方法就很有用了。在该例中，画笔上色所用的不透明度不是 100%，而是 40% 左右。使用半透明颜色时，一定要选择位于拾色器两端的颜色，因为这里的颜色不包含黑白两色，颜色饱和度最高，能够保留原来有色图层的纹理。

如果颜色变得过于一致，和有色图层纹理不相配，就可以选择滤镜 > 杂色 > 添加杂色命令，用来恢复纹理。

上色混合技法

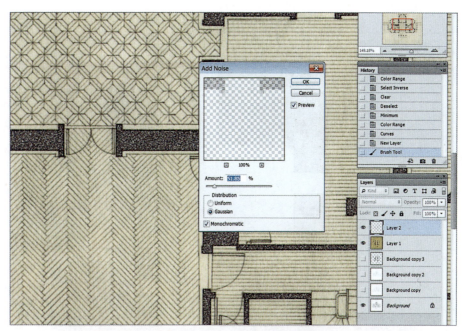

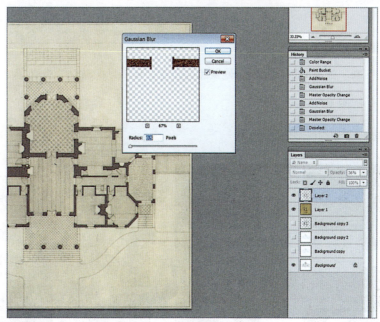

图 6.12
对墙体区域进行调整

　　使用杂色滤镜可能让墙体区域看起来和图像其他部分不怎么和谐，要进一步调整，可选择滤镜 > 模糊 > 高斯模糊命令。最后，如果有需要，新图层不透明度还可以微调。

　　最佳做法是始终将图层数量控制到最少，文件也不能太大，这样计算机才能运行得更快。新的有色图层还处于激活状态，选择图层 > 向下合并命令，该图层就会立即和下方图层合并为一。

83

上色混合技法

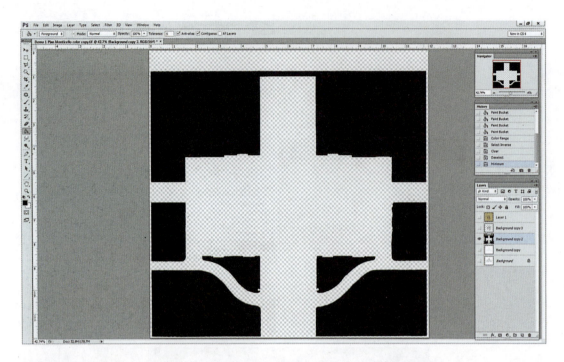

图 6.13
给草坪部分制作蒙版

接下来，依照给墙体部分创建蒙版的步骤，为草坪区域创建蒙版。

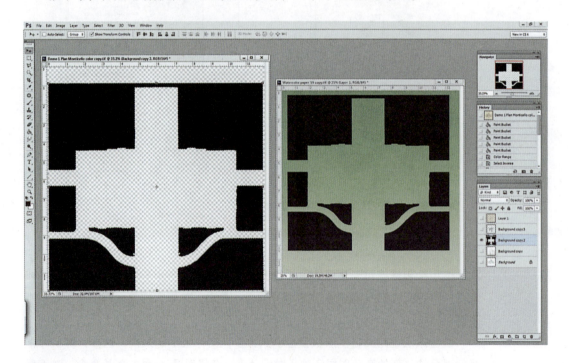

图 6.14
给草坪部分创建第二个有色图层

要添加草地，可在相对应的蒙版层上选择黑色区域，然后将蒙版层关闭，打开并激活有色图层。选择图像 > 调整 > 色彩平衡命令，并移动滑块，将颜色调整为绿色。但是，这种方法并不一定能达到想要的效果，因为色彩平衡命令提供的颜色范围有限。另一种调整草地颜色的方法需要从先前的图像文件中选择一个新的（绿色）色块，做法同先前的基础水彩色块。在 Photoshop 中打开色块，将合成图像和新色块拉离屏幕顶部的对齐线，利用移动工具将选择的蒙版从合成图像处拉到新色块上。

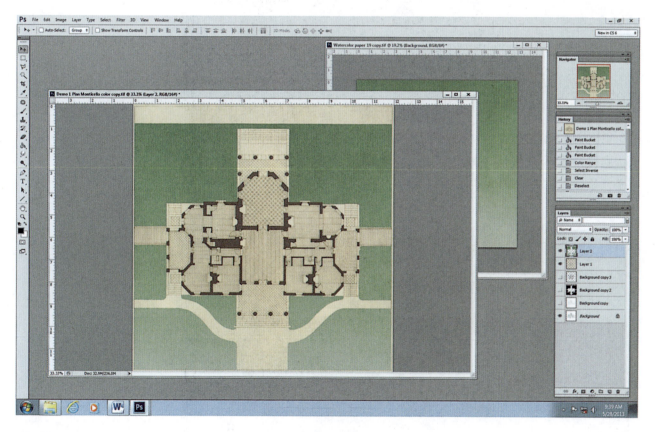

图 6.15
将草坪图层放到正确位置

将蒙版图层拉到合适的位置。关掉有色图层，重新选择蒙版图层上的黑色区域，然后关闭蒙版图层，打开并激活有色图层。利用移动工具将水彩色块上的选定区域重新拖回到原来的合成图像中，并拉到指定位置。

上色混合技法

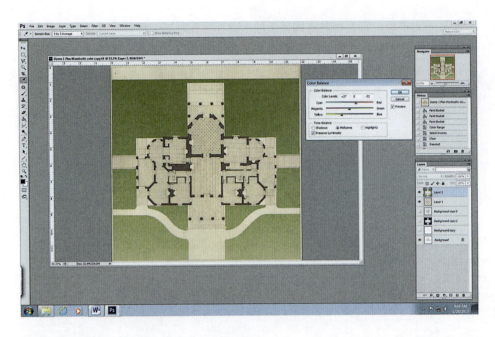

图 6.16
调整草坪图层颜色

把色块拉到正确位置后，需要进行一些调整，使其与图像其他部分协调。下面提到的调整方法，可以单独使用，也可以合用。和先前一样，首先选择图像 > 调整 > 色彩平衡命令，利用弹出对话框中的滑块来调整颜色。

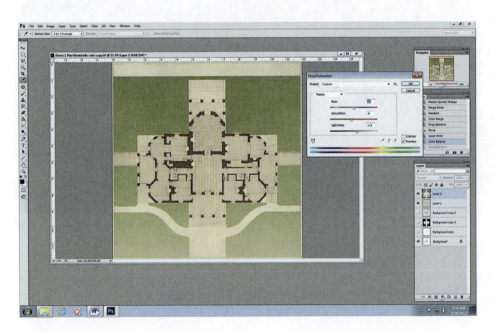

图 6.17
调整草坪图层颜色饱和度

选择图像 > 调整 > 色相/饱和度命令，利用弹出对话框中的滑块做进一步调整。

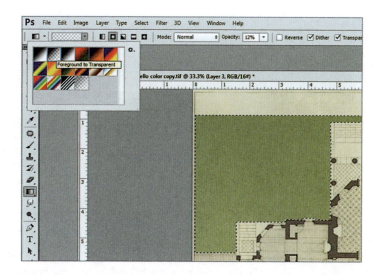

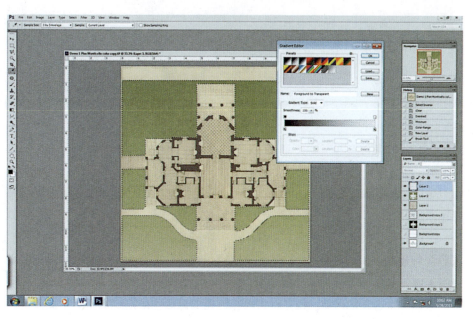

图 6.18
设置渐变工具参数

　　有时候，渐变工具特别适合进一步调整颜色。首先，新建一个空白图层，用蒙版将草坪区隔出来。使用渐变工具时，一定要确保渐变编辑器的设置为"从前景色到透明"。如果不是的话，可以单击"图像"下面工具栏上的小三角形，或双击同一区域中的棋盘板块，会弹出一个对话框，可以在这个对话框中进一步调整。

上色混合技法

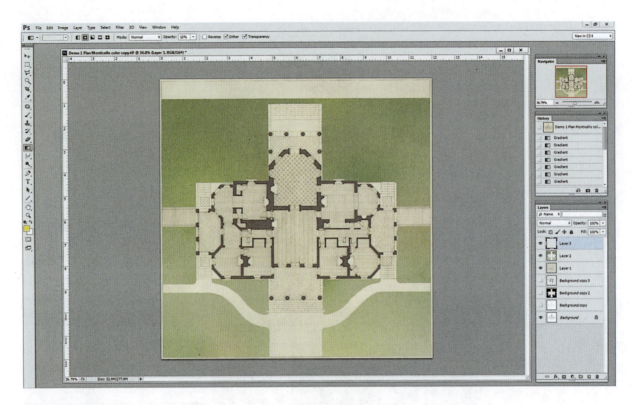

图 6.19
利用渐变工具上其他颜色

可以用渐变工具添加一种或多种颜色，将不透明度设置为 10%，可以逐步将颜色添加上去。

还需要新建最后一个蒙版，将被包围的建筑内部区域的颜色调淡，并和外部区域区分开来。创建这个内部区域的蒙版稍微难一些，因为平面图上的建筑地面带有图案，所以不能使用油漆桶工具。有一个比较费时的做法是使用套索工具，一次选择一个合适的区域。但是，为墙体创建的蒙版图层则提供了一个更便捷的方法。首先，复制一个墙体的蒙版图层，并关闭除线稿图以外其他所有图层。激活直线工具，将其粗细值设置为 3 像素。在墙体蒙版图层的副本上，沿着将户内和户外区分开的窗框在建筑周围添加一圈黑色线条。按住 Shift 键，可以确保所添加的线条保持平直或垂直状态，不会歪斜。在本例中，有些线条在对角上，要仔细看。添加完黑色线条后，将线稿图层关闭，并选择蒙版图层上的黑色区域。选择选择 > 反选命令，用油漆桶工具将建筑内部区域填上黑色。再次选择选择 > 反选命令，并按 Delete 键。现在，用于调淡所有内部区域的蒙版已制作完成。因为内部区域仍处于被选定状态，所以要关闭蒙版图层，并打开、激活有色图层。选择图像 > 调整 > 曲线命令，做最后的调整。

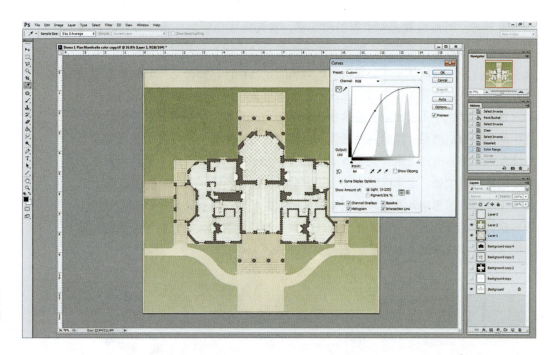

图 6.20
用新蒙版图层调淡建筑内部区域颜色

现在可以再做一些整理了。虽然我们希望保留所有蒙版图层，以备不时之需，但不同的有色图层还是可以合而为一的。要有效合并所有有色图层，或者激活最上面的有色图层，选择图层 > 向下合并命令，并重复这一步骤，或者关闭有色图层之外的其他所有图层，然后选择图层 > 合并可见图层命令。

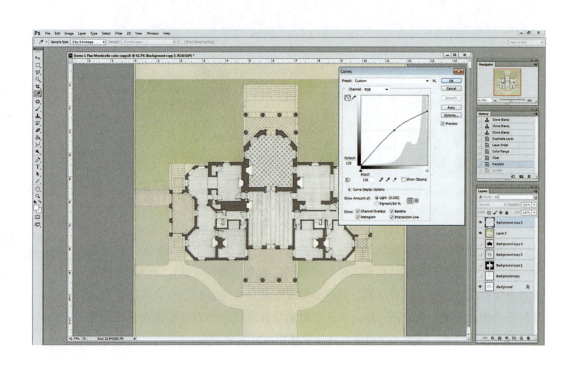

图 6.21
恢复线稿图

上色混合技法

接下来，可能还要进一步调整和完善。首先是线稿图，在添加颜色的过程中，原来的线条会稍微变淡。细腻的线条通常会让图稿看起来更加精致，但如果线条过于浅淡，就应该加深。复制一份线稿图，并按住鼠标将其拖到所有图层最上方。接下来，选择图像中的白色区域。可能需要反复尝试几次，才能确定用于加深线条的颜色中不会出现太多黑色或灰色色调。在本例中，可将滑块拖动到大约中间的位置。然后，删除白色区域。这时候，可能会有一些线条边缘出现淡淡的浅灰色晕圈。选择图像 > 调整 > 曲线命令，将光标移到与最淡的颜色相对应的角落的方形滑块处，上下移动滑块（Photoshop 版本不同，方向可能需要颠倒），将位于中间的方形滑块重新移动到中央位置。这个方法可有效地将线条边缘所有浅灰色区域的颜色变暗，但又不会让线条本身的颜色变得太黑。如果线条颜色需要调整，可以选择图像 > 调整 > 色彩平衡命令。

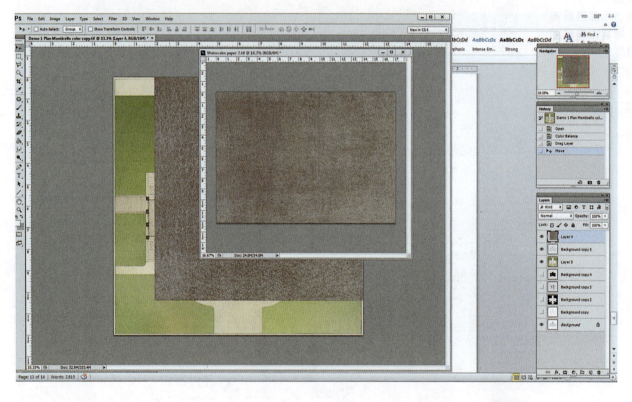

图 6.22
导入第三个有色图层用于添加新纹理

另一个调整和完善之处是导入一个新的纹理图层，使整个图像能够更好地融为一体。打开一个和原图稿颜色匹配的纹理明显的新文件——这种纹理就像是在一张表面粗糙的纸张上涂抹水彩，纸张的粗糙表面是由能够产生明显颗粒效果的颜料带来的。接着，像之前一样，按要求重新设置文件大小并将其拖到合成图像中，放到合适位置，减少不透明度，并按要求用曲线工具调整。

上色混合技法

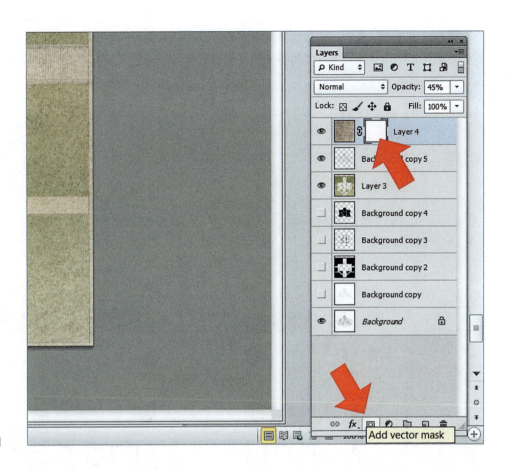

图 6.23
将矢量蒙版当作橡皮擦使用

　　当新图层还处于激活状态时,单击"添加矢量蒙版"(Add Vector Mask)图标,会出现一个新的调整图标。

　　选择径向渐变工具,将不透明度设置为 20%,将前景色设置为纯黑色,然后在图像中间位置添加渐变效果。这种渐变方式会逐渐删除部分新图层上的图像信息,保留下面图层中一些重要区域的细节。在图像达到满意效果后,将光标放在纹理图层的白色图标上,先右击,然后再单击添加图层蒙版(Add Layer Mask),白色图标就会消失,对纹理图层的修改也就完成了。接下来,用曲线工具微调新图层的色彩对比度,调整完后就可以和原有的有色图层合并了。

　　图像调整完善之后,在保存图像的同时,明智的做法是原封不动地保留所有蒙版图层,因为后面打印图稿时,有些区域可能需要进行调整,到时候可能就要用到这些蒙版。保存完文件后,先不要关闭,而是选择"图像 > 复制"命令,并且拼合新复制图像的所有图层。这时可能需要用到曲线工具,在合并后的图层上进一步调整对比度和色彩之间的关系。最后,返回原来保存的图像,将实体墙颜色提亮。因为图像中很多区域都是绿色的,所以将墙体颜色改为对比色会让墙体部分更为明显和突出。用蒙版将墙体与其他部分区隔开来,并用色彩平衡工具调整颜色。

上色混合技法

在图稿完成后,有时还要根据新情况进行修改。在本例中,图稿完成后,发现门廊的一部分被误当作草坪。用套索工具选择该区域,然后用仿制图章工具修改,几分钟就能完成。

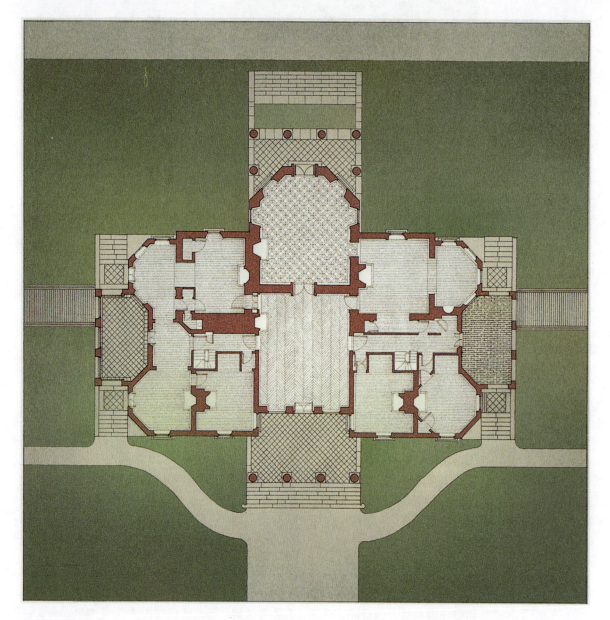

图 6.24
制作完成的平面图

切记计算机只是一个工具,在制图过程中最重要的还是艺术感悟力。这个示例可能乍看之下有些困难,但只要熟悉了步骤,完成像示例当中这样的平面图图稿,所花费的时间远远比使用传统绘图方法少得多。

示例：立面图上色法

本例使用的许多步骤和上个示例完全相同，在此只是简略提及。

图 6.25
原立面图的两个局部扫描图

原来的立面图线稿太大，无法用 11 英寸 ×17 英寸的扫描仪完整扫描下来，因此需要分成两幅互有重叠的扫描图，这两幅扫描图都只是原有建筑立面图的一部分。原有建筑几乎左右对称，甚至有些部分是完全重复的，使用 Photoshop 来完成立面图线稿，既能节省时间，又能提高准确度。

上色混合技法

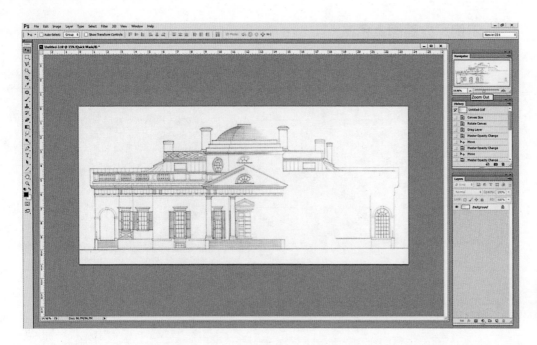

图 6.26
将两幅扫描图拼合在一起

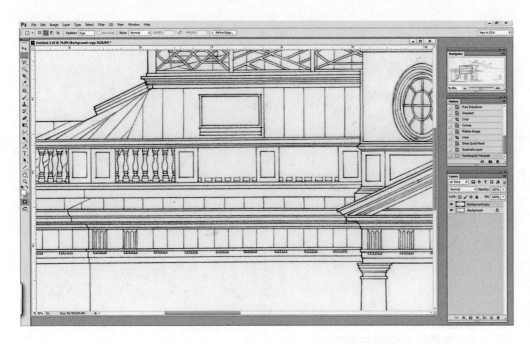

图 6.27
将图层副本的一个区域区隔出来,用于仿制栏杆

  选择图层 > 复制图层命令,复制背景图层。用矩形选框工具选择部分栏杆,并将其放在右边,按住 Shift 键,确保图像是沿着水平方向移动的。如有必要,可选择编辑 > 变换 > 缩放命令来调整图像宽度。根据要求,重复该步骤。

上色混合技法

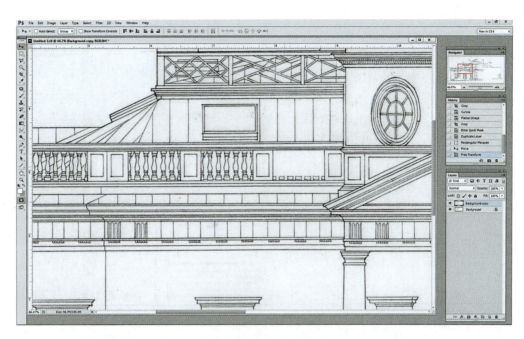

图 6.28
将复制区域放到合适位置，并合并图层

合并图层的方法：选择图层 > 合并图层命令。

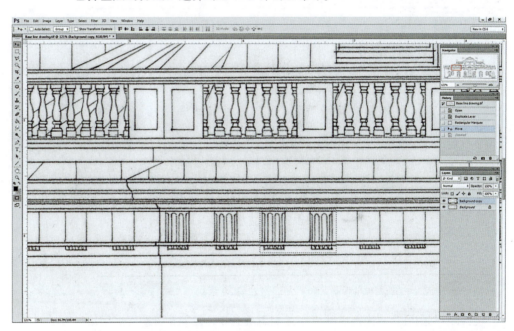

图 6.29
仿制三竖线花纹装饰

重复相同的步骤来复制三竖线花纹装饰。首先复制背景图层，然后激活新的复制图层，用矩形选框工具选择三竖线花纹装饰，置于应有的位置。选择选择 > 反选命令，按 Delete 键，然后依次选择选择 > 取消选择命令和图层 > 复制图层命令，将选定区域置于合适位置。接着，选择图层 > 向下合并命令。这样，一个图层上就有了四个三竖线花纹装饰。再次选择图层 > 复制图层命令，将选定区域置于合适位置。重复这个过程，复制剩下的三竖线花纹装饰。

95

上色混合技法

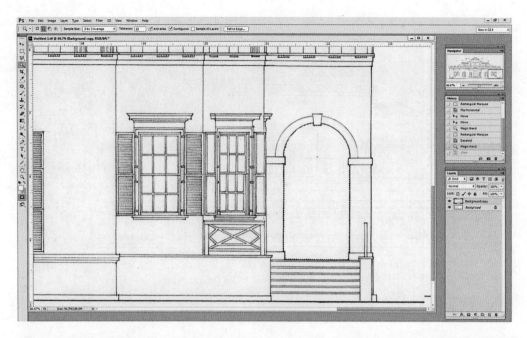

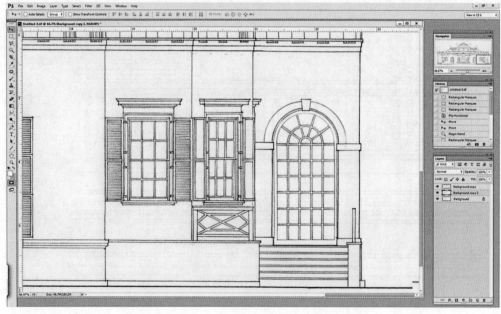

图 6.30
在复制图层上进一步修改

  合并所有图层。首先选择图层 > 复制图层命令，复制背景图层。用矩形选框工具选定立面图的左半部分。选择编辑 > 变换 > 水平翻转命令，并用移动工具将翻转过来的部分移动到准确位置上。

  立面图并不是完全对称的：最左边的柱廊是有釉面的，而右边的没有。打开魔棒工具，将容差值设为 25，单击待选区域，然后按 Delete 键。如果背景图层上的窗框线条没有完全对齐，可复制背景图层，并根据情况将选定区域置于合适位置。

上色混合技法

选择图层 > 合并图层命令，左右两部分立面图拼合的中缝线可能需要用仿制图章工具做一些修饰。修饰完后，保存文件，但在关闭文件前，要先复制图像，将图像副本的（像素）大小降到 30MB，然后将这个新文件保存为基础图像，用于上色。

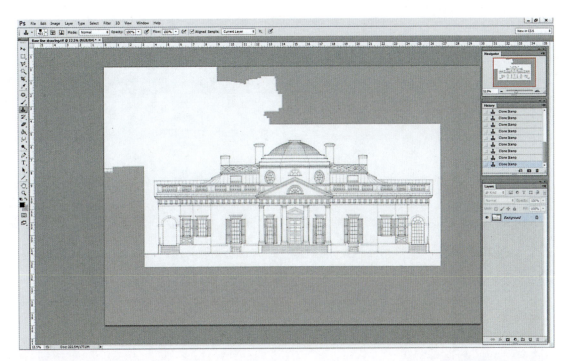

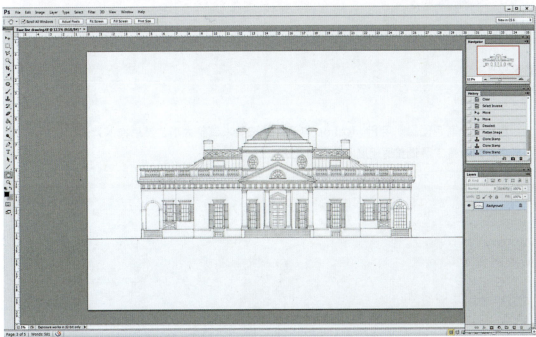

图 6.31
扩大图像范围

上色混合技法

由于需要添加天空和树木，因此建筑立面图周围需要的空间比扫描上来的大。为扩大图像范围，可以选择图层 > 画布大小命令，在原图像四周添加大约 6 英寸空间。因为立面图上原有的白色区域实际是一个带有淡淡纹理的浅灰色区域，所以可以使用仿制图章工具将图像周围新添加的空间都填充同样的颜色（见图 6.31）。

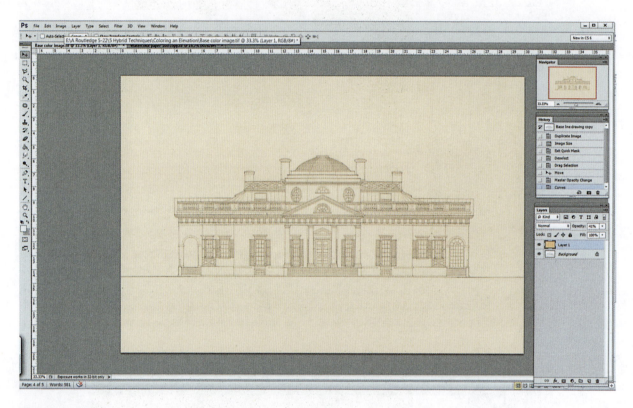

图 6.32
导入一个色块

选择一个有色图层。用 Photoshop 打开，并按要求调整大小，然后拖入背景图层中，用曲线工具调整透明度和颜色对比度。

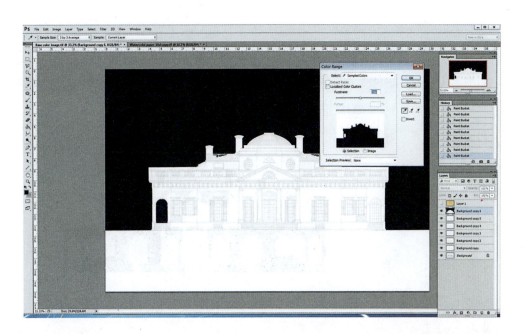

图 6.33
给天空创建一个蒙版

给立面图上色总共需要 7 种颜色，因此需要新建 6 个蒙版。首先将有色图层关闭，激活背景图层，然后选择图层 > 复制图层命令，用曲线工具调整复制出来的图层，将线条颜色减淡，然后复制 5 个调整后的图层。用油漆桶工具将天空的颜色填充为黑色，并务必将建筑中任何能够显露天空背景的区域也都填充上黑色。

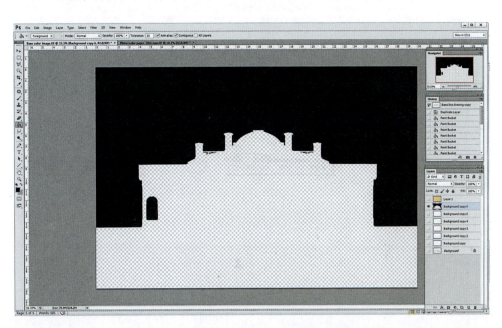

图 6.34
删除蒙版上的线稿图

将前景色设为黑色后，选择选择 > 色彩范围命令，将颜色容差滑块拉至 100 处。然后，依次选择选择 > 反选命令，按 Delete 键，再选择选择 > 取消选择命令，关闭所有其他图层，确认只有蒙版图层处于打开状态。

上色混合技法

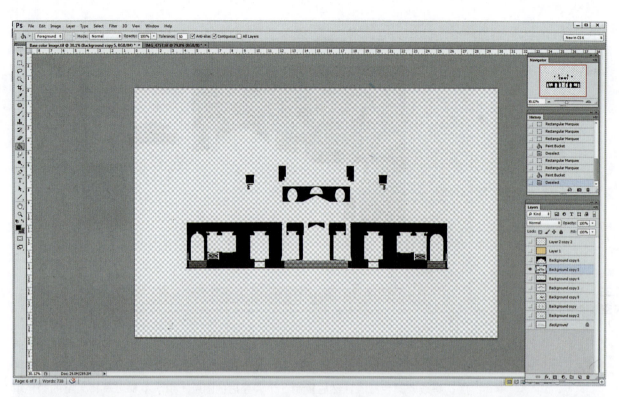

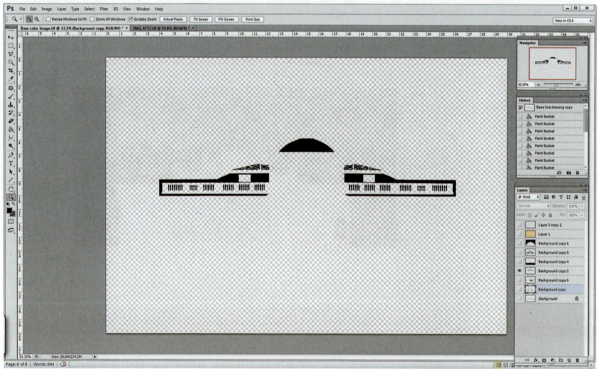

图 6.35
再新建四个蒙版

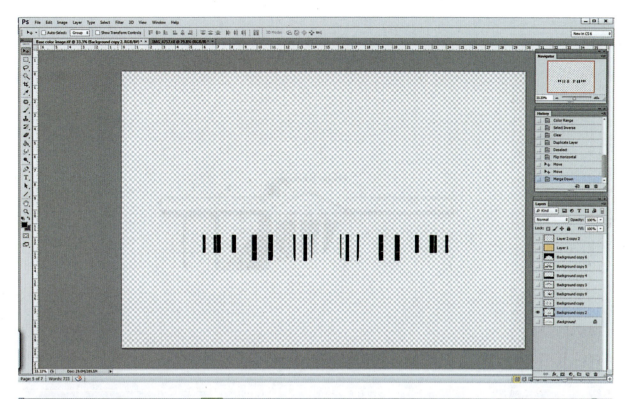

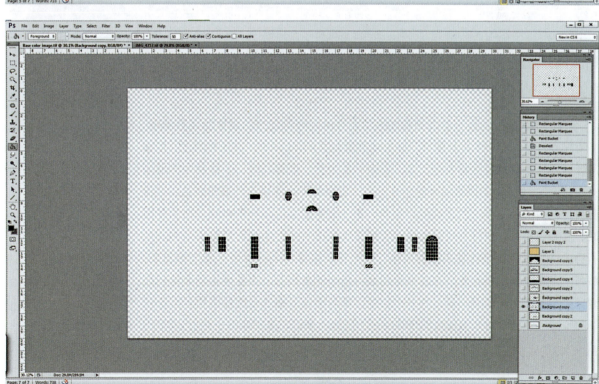

重复先前的步骤,再分别给砖块、百叶窗、屋顶和窗户创建蒙版。

上色混合技法

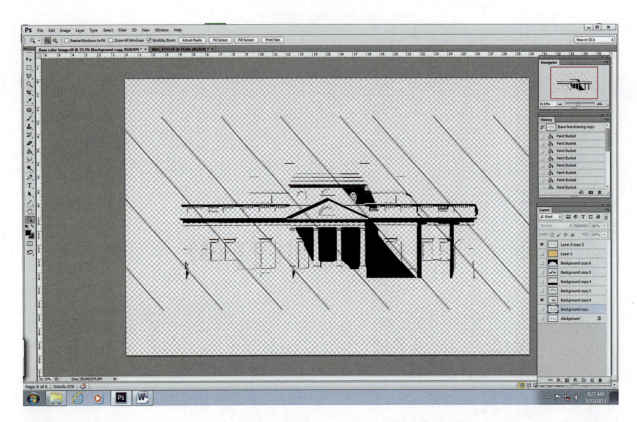

图 6.36
给阴影部分创建蒙版

使用 Photoshop 还不怎么熟练的人可能觉得给阴影部分创建蒙版比较困难。不用担心,这只是一个附加蒙版。参见第五章有关 Photoshop 工具的阐述。粗细适当的话,效果最好的是直线工具,还有画笔工具。画直线时,不妨使用方形笔尖,并按住 Shift 键。阴影部分轮廓画好后,可以使用油漆桶工具填充颜色。在该例中,斜射的阴影参考线是这样产生的:在一个新图层上画一条斜线,然后在图像上复制该线条,这样就可以当作参考线来确保所有斜射的阴影都是平行的。另一种方法需要用到传统线稿图的原图,拿一张纸将原图上的阴影区域描摹出来,线条一定要连贯,不能断。将这张新图稿扫描到计算机上,用魔棒将阴影外的区域分隔出来,用油漆桶工具创建一个蒙版,然后将蒙版拖入合成图像中,放在正确的位置。这种方法对那些熟悉传统绘图方法的人来说,更加容易一些。

上色混合技法

图 6.37
给白色镶边部分创建蒙版

给建筑刷成白色的区域创建一个蒙版，可能需要花费很长时间。在动手之前，把全部过程想一遍可以节省时间，使用数字工具时大多如此。在本例中，已经创建的蒙版基本上把整个建筑都分隔开了，除了白色的镶边部分。为了能够利

上色混合技法

用这些蒙版,可以先将全部图像复制一份,然后通过图层 > 合并可见图层命令,打开并合并所有蒙版图层,阴影部分的蒙版除外。将新的图像层拖到原来的图像中,将其对齐。接下来,只打开那些新的基础图层。要让两个图像对齐,可以适当降低新蒙版图层的不透明度。注意:地平面部分已经被涂成黑色,以便制作完成这个蒙版。选择蒙版中的黑色区域,并反向设置所有参数,依次选择选择 > 色彩范围和选择 > 反选命令,用大笔尖画笔将所有白色区域刷成黑色,然后再次选择选择 > 反选命令,最后按 Delete 键。这样,白色区域的蒙版就制作完成了。

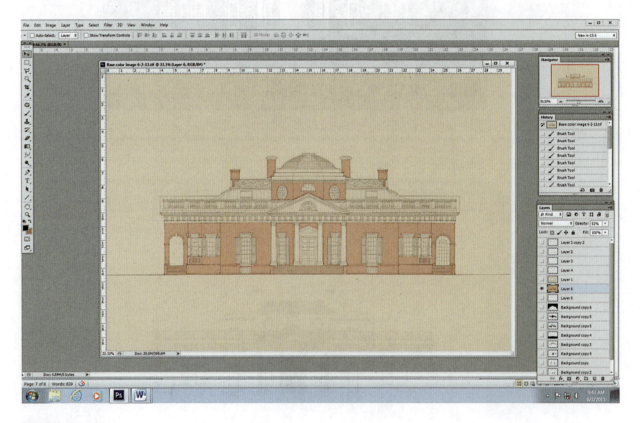

图 6.38
给砖块区域上色

给立面图上色的步骤和给平面图上色的步骤非常接近。

首先,激活砖块部分的蒙版图层,选择选择 > 色彩范围命令;然后,关闭该蒙版图层,并打开有色图层,使用曲线和色彩调节工具。

上色混合技法

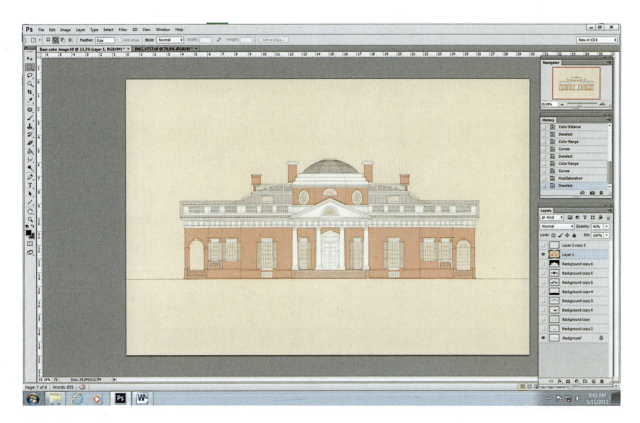

图 6.39
删除白色镶边区域的颜色

关闭有色图层，打开白色镶边区域的蒙版图层，选择选择 > 色彩范围命令。选中白色区域后，关闭该蒙版，打开有色图层，用曲线工具将相关区域的颜色减淡。重复这些步骤，就可以给屋顶、百叶窗和阴影部分上色。

上色混合技法

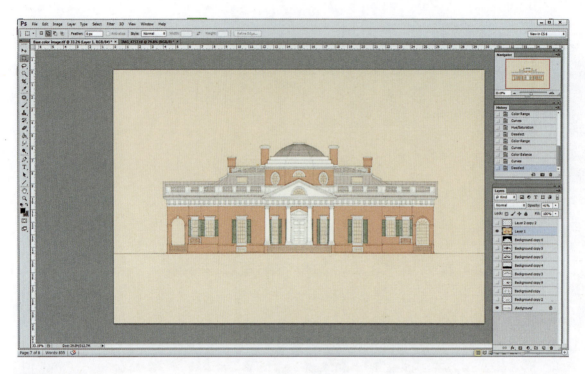

图 6.40
给屋顶和百叶窗上色

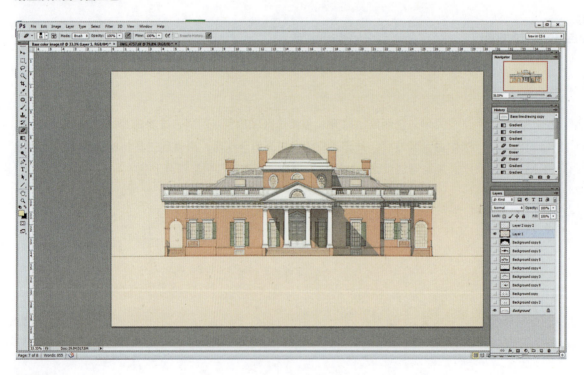

图 6.41
给阴影部分上色

图 6.42
给窗户添加细节

上色混合技法

重复之前的步骤,给窗户上色。窗户可以涂成单色,也可以用径向渐变、画笔和模糊工具添加反光效果和窗帘,让窗户看起来更幽深,更有生气。

图 6.43
添加天空

激活天空蒙版，选择选择 > 色彩范围命令，选定天空区域。如果添加的天空效果需要带有云彩，就选择一个合适的图像文件，用 Photoshop 打开，然后将其调整得比合成图像稍大一些。将合成图像和调整后的天空图像拖离屏幕顶部的对齐线后，用移动工具将天空蒙版从合成图像拖到新色块上。

将蒙版放在合适位置。关闭天空图层，重新选定天空蒙版上的黑色区域，然后关闭天空蒙版，并打开、激活天空图层。用移动工具将选定的天空区域拖回到原来的合成图像中，放在合适位置。

接下来可能还需要对天空部分做一些调整，以便和图像其他部分融为一体，在调整时可以运用以下工具（可以单独使用，也可以一起使用）：色彩平衡、色相／饱和度、图层不透明度。

图 6.44
添加树木

按照以下步骤可以在图像上添加树木。首先需要确认添加的天空和树木所处的时间，阳光照射的方向和投射在建筑上的阳光方向是否一致。本例中这些映衬着天空的树木是从照片上找来的。虽然可以自己找有树木的照片，并用套索工具或橡皮擦工具将照片上的树木从背景中分离出来，但更有效的方法是直接找有天空背景的树木照片。找一些位于大片田野或水域旁的树木照片，用吸管工具，选择选择 > 色彩范围命令，天空区域就能被快速区隔出来并删除。用曲线工具和色彩调节工具删除叶子边缘的淡蓝色或浅灰色光晕。

上色混合技法

图 6.45
用矢量蒙版进行调整

矢量蒙版要用在树木图层和天空图层上，用于抹去部分图像，并恢复原背景图层的水彩色调。参见"平面图上色法"中的示例。

图 6.46
在砖块间添加灰缝

110

上色混合技法

在图像中添加砖块灰缝的方式和添加天空、树木类似。原来的图像文件在白色的背景色上使用了黑色线条，要将这些线条变为灰白色，用以模拟灰缝，线条之间代表砖块的区域就需要事先区隔出来并删除。可以用曲线工具将砖头间的线条从黑色变为浅淡的颜色。这些灰白色线条映衬着红色砖墙，在视觉上会让砖墙的颜色变浅，所以要将砖墙的颜色稍微加深。将画笔工具的不透明度降低，就能将砖块的颜色由浅变深。

图 6.47
调整地平面

用径向渐变工具进一步调整地平面。

上色混合技法

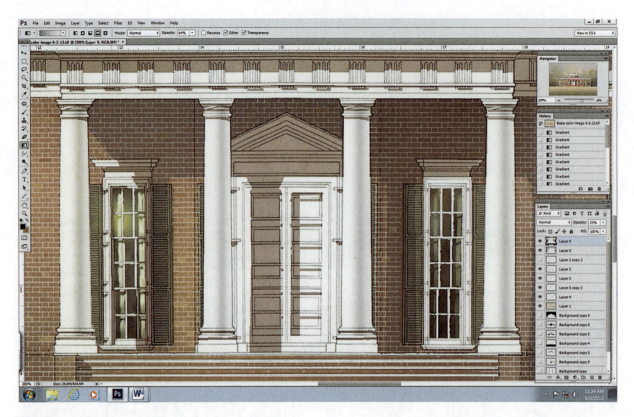

图 6.48
给圆柱增加立体感

建筑前的门柱需要有一些立体感。首先新建一个图层，用对称渐变工具做一个和样例类似的渐变效果，选择编辑 > 变换 > 缩放命令，根据要求重设大小，然后用橡皮擦工具抹去超出范围的部分。做好一根圆柱之后，复制该图层用于第二根柱子，重复该步骤，直至所有柱子完成。选择图层 > 向下合并命令，将所有的圆柱图层合并到一个图层上。

要给立面图另外整体添加一些纹理，可以打开新的水彩色块，将其作为一个新图层拖入立面图中。要保留建筑上的细节，可以用矢量蒙版将色块中心区域抹除。该色块图层的不透明度需要进行调整，以便后面进一步调整。

这时候恢复线稿图在本例中产生的效果很小，但这种做法通常还是能够提升图稿的品质。参见"平面图上色法"中的示例。

保存文件，但要在关闭文件之前，先复制一份文件。然后，关闭原文件，将所有图层在新复制的文件上合并。用曲线工具进一步调整合并后的图像。如果需要进行小的修改或调整，可以放大图像，用仿制图章或画笔工具修改。

图 6.49
上完色的立面图

给立面图上色需要掌握一些光、影和反射光方面的知识，也需要对颜色敏感。换言之，虽然计算机上色比传统上色方法快捷、容易得多，但并不能给作品注入艺术感染力。

上色混合技法

示例：建筑外景图上色法

阅读本节的读者应该已经看过前两节有关"平面图上色法"和"立面图上色法"的内容，因此这里的示例主要以图片为主，文字叙述很少。

图 6.50
铅笔线稿原图

打开电子版线稿图，新建三个蒙版：一个冷杉树蒙版、一个阔叶树蒙版、一个草坪蒙版。要运用到两种黑白纹理：一种用于草地，另一种用于所有树木。在冷杉树蒙版上，用曲线工具将冷杉树区域涂黑，就可以将其和阔叶树区域区分开。将树木轮廓线移入图像后，用降低不透明度的橡皮擦工具将向阳树木的边缘颜色减淡。

上色混合技法

图 6.51
从左往右（顺时针方向）：冷杉树蒙版、阔叶树蒙版、插入有立体感的纹理、草坪蒙版

上色混合技法

图 6.52
加入添加纹理的色块并进行调整

　　选择一个水彩色块，将其作为新图层添加到线稿图上，调整一下透明度，并用曲线工具突出水彩纹理。添加一个矢量蒙版，并用径向渐变工具将主屋和谷仓上的区域抹除，以便保留下面图层上更多的细节。将图层蒙版添加上去，继续用降低不透明度的橡皮擦工具将一些比较小的细节部分抹除。

上色混合技法

图 6.53
创建阴影部分和窗格的蒙版

新建另外两个蒙版：一个是阴影部分的蒙版，另一个是窗户的蒙版。

上色混合技法

图 6.54
添加阴影

激活阴影图层,用曲线工具和降低不透明度的径向渐变工具将阴影添加到有色图层上。用模糊工具柔化阴影的边缘部分。

图 6.55
给窗格玻璃和房子上色

　　新建一个图层，用径向渐变工具给房子添加淡黄色，给最靠近房子的草坪添加浅浅的黄绿色。将橡皮擦工具的不透明度设置为 100%，用其抹去溢出色彩范围的部分。将新图层和有色图层合并。房子和谷仓附近的一些区域铺了路，有不少岔道，将橡皮擦的不透明度设置为 10%，可以减淡这些区域的颜色。将海绵工具的不透明度设置为中等，用于降低远离中心地带的树木的颜色饱和度。最后，激活窗户蒙版，打开有色图层，用径向渐变工具加深窗户的颜色。

上色混合技法

图 6.56
在将所有图层合并后的图像副本上调整对比度和颜色饱和度

保存文件，但要在关闭文件之前，先复制一份文件。在新复制文件的图像上合并所有可见图层，并用曲线工具稍微提高颜色对比度和饱和度。

示例：建筑室内图上色法

作者假定阅读本节的读者已经熟悉前面列出的那些有关如何用 Photoshop 给图像上色的示例。本节所用示例是位于伊利诺伊州橡树园的联合教堂（Unity Temple）的室内空间，该教堂由建筑师弗兰克·劳埃德·赖特设计。

图 6.57
联合教堂的室内空间:已完成的上色图

上色混合技法

图 6.58
画于草图纸上的线稿,颜色已经删除,对比度也经过了调整

　　扫描线稿原图。用吸管工具选定黄色为背景颜色。选择选择 > 色彩范围命令,将滑块拉至大约中间的位置。将背景颜色设置为白色,并按 Delete 键。选择图像 > 调整 > 曲线命令,增加对比度。

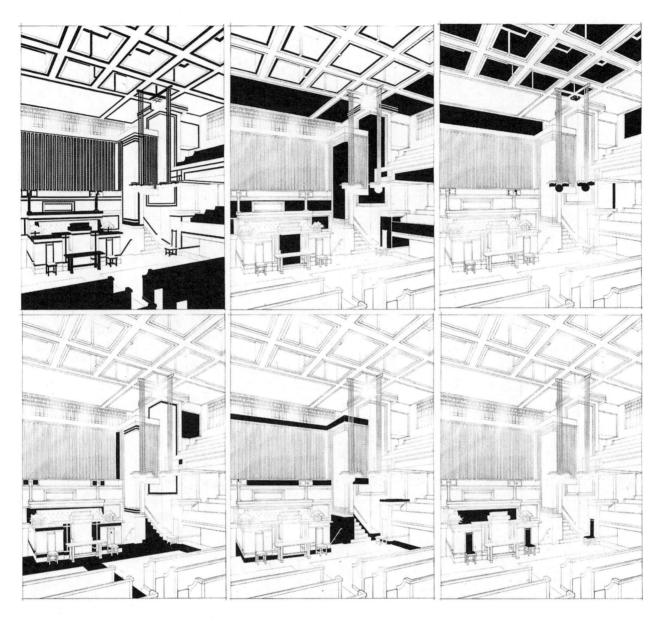

图 6.59
6 个蒙版

复制背景图层。选择图像 > 调整 > 曲线命令，减淡线条的颜色，复制 5 份调整了颜色的新图层。创建 6 个蒙版，用油漆桶工具给对应区域填充颜色。在删除白色背景和线条之前，这些图像显示了蒙版图层。

要单独区隔出蒙版区域，首先将前景色设置为黑色，选择选择 > 色彩范围命令，将滑块拉到中间位置，然后选择选择 > 反选命令，单击 Delete 键。至此，蒙版层上应该只剩下黑色区域了。打开基础图层，此时，蒙版图层还处于被激活的状态，选择滤镜 > 其他 > 最小值命令，将数值设为 2 像素，扩大蒙版的黑色区域，以便将颜色一直填充到线条边缘。

上色混合技法

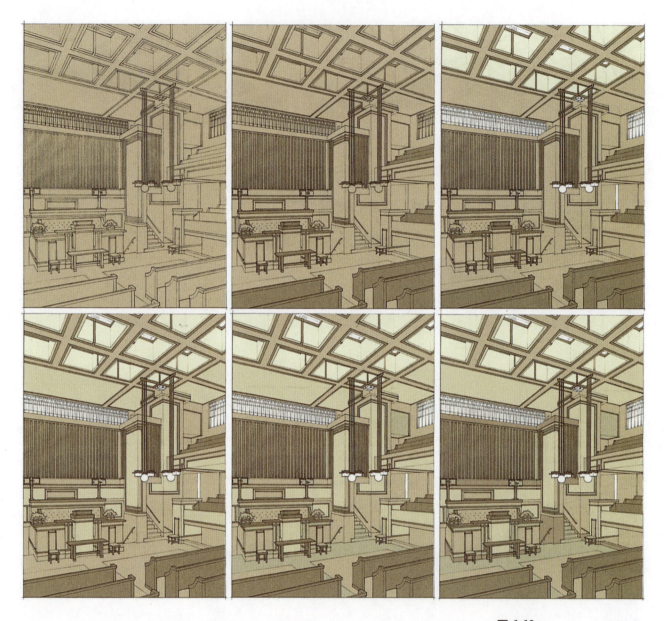

图 6.60
用蒙版一步步上色

　　再次复制基础线稿原图。选择一个合适的水彩色块，重新设置成和原图相配的大小，并拖到图像上成为新图层。在本例中，将图层对话框中的设置由正常模式改为混合模式，这样新图层下的线稿图马上就变得可见了。前面示例中用到的另一个方法是，调整新图层透明度，以便显露出下面的线稿图。

　　关闭所有图层，激活木制品蒙版图层，选择选择 > 色彩范围命令，将滑块一直拉到右边，然后单击确定按钮。关闭蒙版图层，打开有色图层和线稿图层。激活有色图层，用曲线和色彩调节工具调出想要的颜色，然后选择色彩 > 取消选择

上色混合技法

选项。到目前为止,将所有颜色和对应的对比度控制在小范围之内非常重要,这样在最后要增加颜色饱和度时就会容易很多。

在天窗和窗户蒙版上,在对应区域调整好后,但还没取消选择前,将橡皮擦工具的不透明度设为50%来进一步减淡强光区域的颜色,如照明设备、窗户和玻璃天窗。

重复之前的步骤,直至对应每个蒙版的颜色都填充上了,所有颜色都必须填充在同一个蒙版层上。不少初学者喜欢一个蒙版层一种颜色,这样做不仅完全没有必要,而且还常常把事情搞得更加复杂。

图 6.61
一步步调整图像的立体感

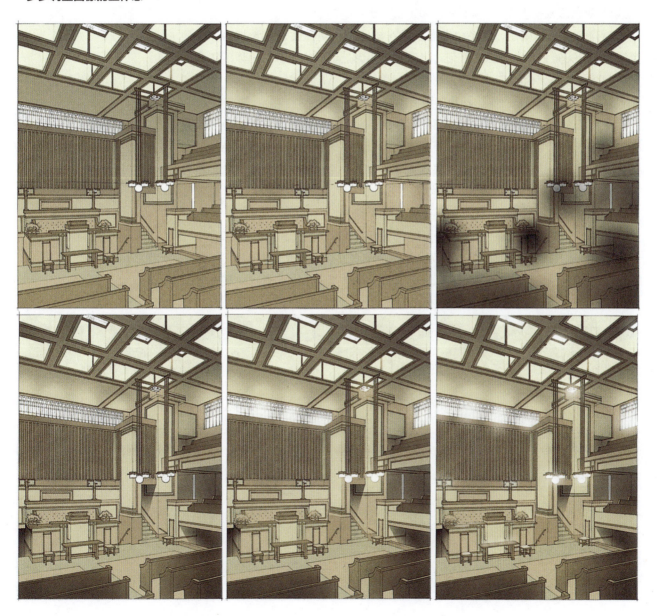

上色混合技法

接下来的这些调整主要是用渐变色调让图像具有立体感,模拟自然光和人造光效果。在有色图层上新建一个空白图层,这是因为在另外的图层上添加颜色或调整颜色,都和原来的有色图层无关,可以等到合适的时候再将这个图层和有色图层合并。重新激活天窗图层,选择选择 > 反选命令,选择暖色调的黑色作为前景色,并利用不透明度为 25% 的线性渐变工具将这种颜色运用到从图像顶端到中心区域。用橡皮擦工具擦除任何超出范围的颜色。在上色和调整过程中,你或许想关闭那些"跳舞的蚂蚁",以便能更好地观察颜色;按下 Ctrl + H 键,但在完成后不要忘记选择选择 > 取消选择命令。要模拟光线透过窗户照亮天花板的效果,可以在新的调整蒙版上添加一个矢量图层蒙版,将径向渐变工具的不透明度设置为 15%,多次渐变"擦除"黑色区域,然后合并调整图层和有色图层。

新建一个空白图层,用径向渐变工具在楼座下和楼梯通道处添加阴影。使用设置为 100% 的橡皮擦抹去任何超出范围的阴影。毛糙的边缘可用以下工具柔化——模糊工具、涂抹工具,还有将不透明度设置为 5% 的橡皮擦工具,可以多次尝试直至达到所要的效果,然后将调整图层和有色图层合并。

更加复杂的渲染会运用各种质感的线条,从粗到细,由浅至深,各色线条具备,甚至连现实中不存在的线条都不落下。要复制出这种效果,激活有色图层底下的线稿图——该线稿图是背景图层的副本。首先,用曲线工具修改线条,接着将白色选为当前的颜色,然后将径向渐变工具设置为 20%,将画笔工具设置为 25%,用这两个工具减淡线条颜色或直接消除线条。

要想进一步提高照明设备和玻璃区域的光亮度并模拟这种效果,不妨将径向渐变设置为 15%,直接在有色图层上进行修改或者另外新建一个图层用于调整。

座套颜色作为图稿中要突出的重点,要到此时才填充上色,这样才能在其他

图 6.62
最后润色

颜色的映衬下更好地进行判断。窗户外面的植物和柱头是用降低不透明度的画笔工具添加的。其他区域，如教堂内的靠背长椅和桌面，则是用降低不透明度的橡皮擦工具来减淡颜色，或先用多边形套索工具将这些区域区隔出来，然后再用曲线工具进行调整。在此之后，添加一个颗粒感更加明显的水彩色块，将图层对话框中的正常模式改为混合模式，在这个新的色块图层上添加一个矢量蒙版，如前所示，然后用径向渐变工具一步步地将选定区域抹去，露出原来的有色图层。将图层蒙版用到新的有色图层上。选择图层 > 向下合并命令，将两个有色图层合二为一。重新激活一些蒙版，进行进一步调整，如加深地毯的绿色，还需要用仿制图章工具进行一些润色。最后，激活有色图层，选择滤镜 > 艺术效果 > 水彩命令，用滤镜工具来提升图像的整体效果。

保存修饰润色后的文件，并且原封不动地保存所有图层。在关闭文件之前，选择图层 > 复制图层命令，将文件复制一份，在这个副本上合并所有图层；然后选择图层 > 拼合图像命令，用曲线工具增加颜色的饱和度和对比度。

示例：Photoshop 高级使用技巧

图 6.63
白日遐想
完成作品

上色混合技法

这幅极富想象力的作品被取名为《白日遐想》,其灵感来源于两个地方:佩特拉(约旦)和美国锡安国家公园的"隘口"。开始之前,先收集所有可能运用到的元素图片,还要收集或制作纹理图。建筑部分来源于为一个经典建筑制图后剩下的有限零散三维图像。

图 6.64
参考图片。第一行(从左往右):带有青苔的树木、河滩鹅卵石;第二行:加利福尼亚州拉布雷亚沥青坑挖掘现场、巨大的红杉树;第三行:弗雷德里克·丘奇创作的画作《佩特拉》(由维基共享资源提供)、"锡安国家公园的河流隘口"(由维基共享资源提供);第四行:坐在巨石上的女孩、锡安国家公园

图 6.65
纹理图

上色混合技法

用 Photoshop 之前，先将计算机模型截屏，就可以预先了解调整完成后的图像的模样。现在可以再做一些整理。运用 Form-Z 来制作三维模型，进行渲染。水中倒影则是使用纹理图，并给纹理表面添加反射效果来制作完成。

图 6.66
用 Photoshop 一步步调整

上色混合技法

虽然可以用三维计算机图形软件的渲染工具进一步调节图像的明暗分布，但我本人更喜欢用 Photoshop 来完成后续的修饰润色工作。我使用数字技术的方法和使用传统绘图技法的方式一样：我会同时对整个图稿进行调整和修饰，首先是大的区域，其次是细节部分。

第一步是新建一系列蒙版，以模拟出柱廊后面环境光的效果，这种效果是大部分渲染工具无法完成的，或至少是难以完成的。蒙版做好后，新建一个图层，用降低不透明度的径向渐变工具给阴影部分区域添加黑红色。

图 6.67
添加薄雾和纹理

上色混合技法

　　我会在另外的新图层上，用对称渐变工具添加一个透明的蓝色薄涂层，模拟水面上方的薄雾。将橡皮擦工具设置为不同的不透明度，用于抹去近处和远处柱子上超出范围的填充色。对于石柱顶盘上的条纹部分，我也采取类似方法。我会用模糊工具进行柔化，或用微调（Nudge）工具修改橡皮擦擦错的地方。接下来，我还可以用这样的方式来对其他图像进行处理，但会改用先前收集来的一些图像给柱子和河床添加纹理。

图 6.68
添加河床

上色混合技法

要在画面左下角添加河床，首先将发掘现场图像拖入主图中，降低不透明度，选择编辑 > 变换 > 缩放命令来改变图像大小。选择编辑 > 变换 > 斜切命令，调整图像来配合已有的视角。曲线工具和色彩平衡工具则用于调整颜色，使其与背景色精准搭配。最后，将橡皮擦工具的不透明度降低，进一步柔化边缘和过渡区域。重复这些步骤，给柱子添加树皮纹理。

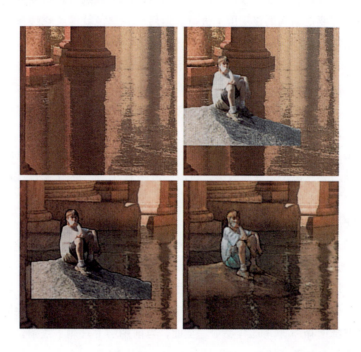

图 6.69
添加人物

在画面中添加人物和添加河床的方式类似。重要的是，在选择的照片中，阳光照射的方向要和画面中的一致。即便如此，照片焦点和光线特点也并不一定会和画面背景一致。不妨将人物不透明度降低，并用色彩平衡工具调整图像，使画面协调。如何将边线当作有效的制图手段，在接下来的照片使用中将加以说明。给新导入的图像创建边线，有一个快捷方法：先打开图层 > 复制图层命令，然后关闭复制的图层，重新激活先前的图层，选择图像 > 调整 > 曲线命令，将该图层完全变为黑色，接着选择滤镜 > 其他 > 最小值命令，将边缘增加一两个像素。打开最上面的图层，就能看到图像周围出现了一条边缘线。接下来要做的就是利用画笔工具，将其设置为完全不透明和不透明度降低两种模式——有时候可低至 5%，以便用于遮蔽照片并制造出更为柔和的效果。按下键盘上的"["键和"]"键能迅速放大或缩小笔尖。Photoshop 有许多形状的笔尖可供选择，互联网上也有许多网站教人们如何简单自制笔尖。我通常只用三种笔尖：圆形、方形，还有一个 Photoshop 预设里的笔尖——笔尖形状不规则，就像变形虫一样。

上色混合技法

在图稿初步完成后的数月时间里，我还会经常拿出来看一看，每次都会进一步修饰和完善。等图稿正式完成后，我发现有些滤镜功能可以让图像看起来像是手绘的。通常来说，要分辨图稿是手绘的，还是拍照的或者计算机生成的，主要看边缘线。将边线当作绘图手段，这一做法的源头可追溯到洞穴壁画时期。如今用计算机绘图，边线再次将计算机和画家手上本能的动作关联在一起。有些画家，包括我本人，有时会在数码绘图板上利用画笔工具画一些重要的线条。添加线条时，一定要在新的调整图层上进行。运用一些滤镜就能柔化线条，使其看起来就像用铅笔描绘出来似的。先后选择滤镜 > 风格化 > 扩散和风格化 > 模糊 > 高斯模糊命令，进一步完善；也可以选择滤镜 > 杂色 > 添加杂色命令，然后用模糊工具或高斯模糊滤镜，进一步完善。滤镜到底能在图像上产生多大效果，取决于文件大小。我有时会将文件大小设置在100MB以上，但发现让滤镜发挥功效的理想文件大小是20MB左右。

要模拟出边线效果，快一点的方法是利用Photoshop中的滤镜功能，但效果不如手绘。要想进一步提高效果，可以试试图6.70所示的步骤，按从左往右的顺序。

- 在使用Photoshop前，对原始着色图像进行截图。
- 复制一个基础图层，然后选择滤镜 > 艺术效果 > 海报边缘命令，将对话框中的选项设置为不同数值，看看哪种效果最好。使用滤镜之后，用吸管工具选取黑色，即线条的颜色，然后打开选择 > 色彩范围命令，将滑块拉到中间位置。选定线条区域之后，选择选择 > 反选命令，按Delete键，然后选择选择 > 取消选择命令。至此，当前图层上只剩下线条，接下来可以降低线条的不透明度或减淡颜色来进一步修改。
- 想要有柔焦效果，先复制一份基础图像，然后选择模糊 > 高斯模糊命令。
- 降低不透明度并/或者用矢量蒙版（参见示例：平面图上色法）抹除部分图像，以显露出下一图层上更多的细节。
- 要获得该变化的效果，选择滤镜 > 艺术效果 > 水彩命令，在弹出的对话框中，将画笔细节（Brush Detail）设置为14，阴影细节（Shadow Detail）设置为0，纹理设置为2。和例C、D一样，可通过调整不透明度或使用矢量蒙版来进一步提高图像质量。
- 要获得该效果，复制一个基础图层，然后选择滤镜 > 其他 > 最大值命令。和先前的例子一样，通过调整不透明度或使用矢量蒙版来进一步提高图像质量。

完成这幅图稿并不是那么容易，需要很多时间和耐心，大多数设计师无法做到。但是，如果用传统手绘方法，所花费的时间相对要长得多。

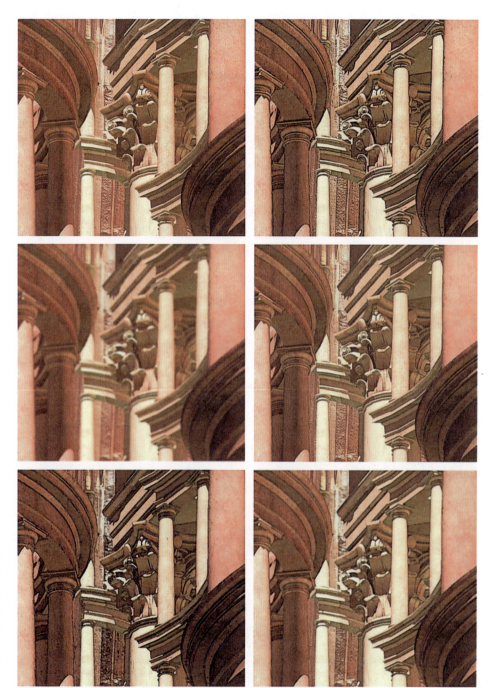

图 6.70
模拟边线效果的方法。从左往右、由上至下分别为：基础图像、使用海报边缘滤镜后的图像、使用高斯模糊滤镜后的图像、降低不透明度后的图像、使用水彩滤镜后的图像、使用最大值滤镜后的图像

上色混合技法

示例：给用 SketchUp 创建的模型渲染着色

制作圣大卫学校的外观图：由斯科特·鲍柏格提供图文

圣大卫学校这个项目包括对已有建筑进行大规模的室内翻修，并在南面新建一个侧翼。最终呈现的视图突出了已有建筑，而新建的侧翼只在图稿左边灰色露出了一角，位于赤褐色砖石建筑的南边。已有的大楼算是个地标建筑，因此渲染图必须用最佳的光线效果展示室内翻修的样貌，并体现出新建侧翼完全是从属于主楼的，不会喧宾夺主。此外，图稿必须准确刻画周围环境——包括附近的古根海姆博物馆，只有这样这个项目才有可能获得通过。

制作这个图稿的过程是我的正常工作流程。我通常是从建筑师那里拿到一个三维模型，本例中所用的模型是用 SketchUp 创建的，但我经常拿到的是用 Revit、Rhino，甚至用 3ds Max 创建的模型。内部三维模型的完成质量参差不齐，因此我必须先检查模型是否准确、完整，才能确定进行多少清理和删减才能让模型满足渲染条件。有时，在我开始着手之前，内部视角已经确定了，但圣大卫学校这个项目的客户看重的是相机在最后位置上所能捕捉到的镜头及图稿的构图。对于此次渲染，他们清楚自己所要的是从东北边的斜对角照过来的角度。图 6.71 是客户提供的一张照片，是从要渲染的地方附近拍的。

图 6.71
已有建筑

上色混合技法

图 6.72 展现的是由客户提供的用 SketchUp 创建的模型，图片所用视角是最初选择的一个视角。

图 6.72
截屏图；用 SketchUp 创建的模型

我们很快决定采用街面水平的两点透视，这样能够让已有建筑看起来自然，有老建筑的味道。除观察不同视角会产生何种不同效果之外，我还会给周围的楼房使用统一的材料，这样在后面使用 Photoshop 的时候就能将这些楼房区隔出来。我还添加了三维的前景环境——在该项目中，添加的是街灯、交通信号灯和车辆。因为所在区域是纽约，所以前景中少不了要有几辆出租车。

在该项目中，我利用 Maxwell for SketchUp 插件来创建渲染初稿。我知道图稿中的大部分纹理和最后上色都会用 Photoshop 来完成，所以在图稿中使用了统一的材料。我喜欢用 Photoshop 来完成这些工作，因为灵活度比较大。调整材料和重新上色都需要花费时间，我会尽量避免这样做，并会利用 Photoshop 中的调

上色混合技法

整图层。后文会谈到这些，在此先指出一点，那就是我会给大部分材料添加少量光泽。添加这个效果有助于在渲染初稿中将色彩平衡统一起来，并制造出一种略显夸张的色彩"反弹"效果，让图像看起来更像是手绘出来的。渲染图最终的视点一旦确定，我就会将渲染初稿从 SketchUp 中导出，用 Photoshop 进行后期处理。图 6.73 展示的是渲染初稿的略图。

因为剩下的渲染工作要改用 Photoshop 来完成，所以现在就可以关闭 SketchUp 了。首先要做的是将所有的渲染初稿图堆叠起来并对齐。我会把两个彩色初稿图放在最下面，把用 Maxwell 制作的初稿图放在最上面。之所以要把彩色图稿放在最下面，主要是为了便于进行快捷批创建，如创建砖块、玻璃、天空。而没有上色的线稿图在正片叠底（Multiply）的图层混合模式中设置为处于最上方，大部分上色工作都是在这个图层下进行的，以保证线条始终处于可见状态。

图 6.73
顺时针方向（从左上方开始）：只有颜色的初稿图（没有纹理、没有边线）；只有颜色和纹理的初稿图（没有边线，设置为"按图层上色"）；利用"Maxwell for SketchUp"制作的渲染图；只有线条的初稿图，用 SketchUp 制作出自定义的手绘线条效果

上色混合技法

　　将渲染初稿图叠加起来之后,我不仅会快速对所有图稿的颜色和色彩的明暗浓淡做一些明显修改,还会给邻近建筑添加照片参照效果,并给遮阳篷和位于图稿左下方的前景建筑都添加标志牌。我会在有色初稿图上选定一个区块,利用这个区块给天空创建一个图层组,然后给这个图层组创建一个蒙版。接着,我会用不透明度很低的薄涂层给天空区域填色,制造出柔和的水彩效果。我还会利用Photoshop中的自定义画笔,给天空添加几朵云彩,这些云彩的不透明度都设置得很低。最后,我会在水平线上添加几棵大树来指代中央公园,公园就在西边一个街区远的地方。图 6.74 显示的就是我们目前所处的位置。

图 6.74
用 Photoshop 完成图稿剩下的部分

上色混合技法

至此，关于图稿的用色和总体色调平衡度我已经做出了很多决定，这对一个项目来说，通常是一个不错的阶段性成果，因为这意味着客户也会参与其中，确保我的判断和决定是正确的。

得到客户同意之后，接下来就要开始处理玻璃和前景部分。实物建筑并没有装多少玻璃，因此这个部分处理起来非常快。在大多数情况下，我都是利用教室或聚会空间的素材图片，改变一下视角，以便和窗户匹配。因为附近的建筑主要是住宅，所以我用的是公寓楼和公寓室内布景的素材图片来制作窗户。为了不让周围建筑过于显眼，我会大幅度降低这些建筑的对比度。

回到前景部分，我会在这叠图稿上方的新图层组上添加人物和树木。几组人物主要集中在商店附近和建筑入口。到了项目后期，客户又要求在建筑大门附近，也就是透视图中位于远处的那辆出租车左边的地方，添加几个穿校服的孩子。根据现场照片的可用情况，在第 88 大街和麦迪逊大道边上都添加了树木，树木之间间隔很宽，这样才不会挡住遮阳篷。

图 6.75
在前景部分添加树木和人物

上色混合技法

添加阴影确实能够更好地让树木和人物融入图稿场景中。在树木和人物图层的下面,我创建了一个"阴影"图层组,并将整个图层组的混合模式设置为正片叠底,图层组中的各个图层则设置为正常模式,这样图层就会处于图层组之内,而重叠的区域也不会越积越多。我会将"人物"图层的一个副本拖到下面的"阴影"图层组里,并将每个图层上的色相/饱和度中的明度调整为零,使这些图层变为纯黑色。接着,我会用着色(Colorize)选项继续调整,将图层变为中蓝色。如果渲染的是白天的图景,那么相关的数值通常设置如下:色相 = 200,饱和度 = 20,明度 = 60。比较一下图层组上的阴影与原有渲染图上的阴影,看看两处的阴影是否匹配。

树木的阴影也是这样完成的。当然,我也可以先做好一个图层,然后通过复制这个图层来完成树木阴影。利用图层组,就可以将树木阴影的各个图层堆叠起来,不用担心这些阴影区域变得太暗。

这时候,我们收到了地标保护委员会的要求,要我们在已有建筑上重新装上两条雕带。委员会提供了几张老照片供我们参考,这就是我们仅有的依据,至少对这次渲染工作来说是这样。

图 6.76
给前景部分添加阴影

上色混合技法

图 6.77
显示有雕带的老照片

　　根据这些照片，我很快做好了这些雕带的模型，并将其合并到 SketchUp 中的大模型上。合并之后，我用 Maxwell Render 重新进行渲染。除此之外，我还导出一个和原图稿相似的只有颜色的初稿图，我可以用它迅速将雕带遮罩起来。将加了蒙版的新渲染图层贴到图层组的最上层之后，我会稍加调整曲线和水平线，使雕带和已有建筑匹配。根据客户要求，我必须尽量让雕带和大檐口的颜色和明暗度相互对应。

上色混合技法

143

上色混合技法

图 6.78
添加雕带后的图稿

　　至此，这个图稿基本得到客户认可，剩下的就是对图稿进行最后的调整和完善。首先要做的是给已有建筑北面（长边）的立面图添加一些亮光，这样有助于将人们的视线引导到图案的中心位置，为整个图稿创建一个焦点。在该图稿中，我们将建筑的正大门作为焦点。要制作这种发光效果，我最喜欢用 Corel Painter 这款绘图软件中的发光（Glow）笔刷，我也知道怎么用 Photoshop 来营造类似效果。虽然可以在不同的绘图程序之间来回切换，但我还是希望尽量少这样做。其中的诀窍就在于创建一个新图层，将其设置为颜色减淡（Color Dodge）混合模式，然后添加图层样式，但不要勾选高级混合（Advanced Blending）模式中的透明形状图层（Transparency Shapes Layer）选项。这样就可以搞定了，也不需要添加任何其他效果了。通过调整透明混合模式，着色和发光部分的边缘都会柔化，看起来更自然。我会用大的柔化笔刷在这个新图层上面涂上不透明度很低的暗黄色。因为颜色减淡模式的混合力很强，所以很快就能得到所要效果。

　　因为经常用到这个"发光"图层，所以我会为其创建一个动作（Action），这样完成任务就变成了单击一下鼠标就能结束的事。Photoshop 中的各种动作工具可以帮助人们节省大量时间，这些工具和文字处理程序和电子制表程序汇总的宏命令很相似，能够根据你的"记录"依次执行命令。

要创建一个"记录",可以单击屏幕顶部命令栏中的窗口,打开动作面板。面板底部有6个图标,首先单击右边第二个带有翻页标志的图标,这是新建按钮,然后给这个新建动作起一个合适名称。这时左边第二个圆形图标会变成红色,表示一系列命令或动作将开始被记录下来。接下来,我会依次进行以下工作:(1)在当前活动图层上创建一个新图层;(2)将这个新图层重新命名为"发光";(3)将"发光"图层的混合模式改为颜色减淡;(4)按照上文提到的方法调整图层风格;(5)将当前使用的工具改为黄色色调的软质喷笔。运行完一系列命令后,单击左边第一个方形图标,结束动作录制。接下来,我就可以随时使用这个录制好的动作了,但通常每次渲染只会用一两次。

在渲染图底部,我还会薄薄地涂上一层颜色较深的色彩——该操作在新图层上进行,混合模式设置为正片叠底。我会用颜色相当深的蓝紫色涂抹出一大块从前景到透明的渐变区域。我通常必须尝试数次才能调出合适的色调,当然后面也可以进一步调整色相/饱和度。这种方法常用于使图像渐次变淡。我通常会将图像底部的颜色涂得比其他部分深一些——这样似乎会让图像看起来更加稳定。

接下来要做的就是添加纸张效果。做法很简单:只需在整幅图像上粘贴一张水彩画纸或类似画纸的扫描图,并将新图层的图层混合模式设置为叠加(Overlay)。我收集了几种纸张纹理图样,这些纹理的色阶已经调整过了,其整体色调平衡度被设置为50%的明度。叠加混合模式中的中间设置值是50%的灰度,因此使用色调平衡度为50%灰度的纹理并不会使图像颜色或色调发生变化。此外,我还将收集的这些纹理大多设置为"图案"(Pattern),这样就能快速运用到图像上。这个步骤大大提高了制图速度,因为无须为了配合画布重新调整纹理图样的尺寸,而且还能随时调整纹理的比例。纹理图案不仅能和画布无缝对接,铺满整个画面,还能使文件不变大。所有设置完成后,我通常会添加两三个图案,设置为叠加的图层混合模式,然后不断调整颜色深浅,直至制作出一个自定义纹理图案。

最后一步是在所有叠加起来的图层上方添加调整图层。首先是调整色彩平衡度,滑动滑块,看看会出现什么效果。因为我使用的色调比较浅淡,所以要将平衡度拉低至10或者更低。通常,我会把阴影部分的色彩调成偏蓝色或蓝绿色,而强光部分为偏黄色。接着,找一找图稿中有没有漏掉颜色——在本例中,绿色用得非常少,因此我会调整中间色调和强光部分的色调,使绿色能够稍微凸显一些。利用色彩平衡能够很好地调整图稿颜色,让整个渲染图的色调协调统一,在每个项目中我基本都会用到这一工具。

除色彩平衡外,我还会利用曲线、色阶、照片滤镜,甚至渐变映射(Gradient Maps)和有名的黑白(Black-and-White)等调整工具来增加对比度。在本项目中,我只用色彩平衡就获得了很好的图像效果,客户竟然也有同感。

将调整前后的图像加以对比,就能看出最后这些调整步骤带来的变化——这些调整确实可以在短时间内大大提升图像的整体效果。在最后阶段进行调整的关键是,要确保所有调整不具有破坏性。

上色混合技法

所谓"不具有破坏性",是指可以随时修改调整结果或随时关闭调整工具。有些效果——例如,锐化或高反差保留(High Pass)滤镜——则需要首先将整个图稿合并成一个新图层,然后在合并图层上完成。任何需要在合并图层下面进行的调整都不会显示出来,因此我会将所有诸如锐化这样的效果都添加在图层组的最底层,这样就可以继续移动前景并且完成其他调整。修改总是不可避免的,因此要保证工作进展顺利,从而按时交稿,就必须在渲染过程中始终留有足够的变化余地。

图 6.79
最后调整

斯科特在建筑学方面受过良好的教育和训练,从事自由插画师这个职业已经超过 15 年。他从传统的水彩插画中汲取灵感,利用数字技术创作出的插图色调温暖,栩栩如生。他创作的插图被收录在众多期刊中,如《建筑实录》(*Architecutre Record*)、《城市景观》(*Urban Land*)、《建筑设计与施工》(*Builidng Design & Construction*)、2004 年度和 2008 年度的《纽约渲染师协会作品集》(*NYSR Portfolios*)、《最佳三维图像》(*Best of 3D Graphics*)、《建筑透视图》(*Architecutre in Perspective*)编目 15-25。他还为美国 KPF 建筑设计公司、FXFowle 建筑事务所、凯里森建筑事务所(Callison)的专题论著画过图稿。

第七章
过程解说：设计时如何混用不同技法

很多人开始设计，就立刻用上了计算机。这样做有优点，后面"利用三维建模作为探索工具"（第156页）一节会谈及。但是，在构思阶段太早使用计算机，也会限制种种可能性。如果设计师了解并掌握了混合设计技术，那么就会知道在何时使用何种绘图技术最好。

有时候，在设计构思开始，我们就想拿出一个清晰设计思路。然而，一个好的设计构思应该是从一些宽泛的想法开始的。首先画一些小的草图，然后渐渐加大草图的尺寸，并添加细节，使思路一步步清晰和明朗起来。在设计过程中，要始终让草图带有几分不确定性，靠的就是设计师的潜意识与直觉。在设计初期就完全依赖计算机的一个弊端是：由于能够轻易拉近放大细节部分，所以会削弱对部分与整体关系的感知，而且也会错失只有在徒手绘图过程中才会迸发的灵感。

示例：设计过程中使用不同技法的顺序

项目名称：格林伯里农场，格兰其，印第安纳州

客户希望在印第安纳州北部一个城郊农村地区建一座中等规模的休闲农场。项目包括下列内容：

- 主屋：四间卧室，两间半浴室，面积共约2500平方英尺＊
- 制陶工作室：面积为200平方英尺
- 双车位车库
- 附属建筑：谷仓、工具设备房、农产品储放间
- 景观美化：花园、果园、浆果林

分析完项目内容之后，就可以开始徒手绘制草图，探索主屋和农场全部可能的设计方案。

＊1平方英尺≈0.093平方米

过程解说：设计时如何混用不同技法

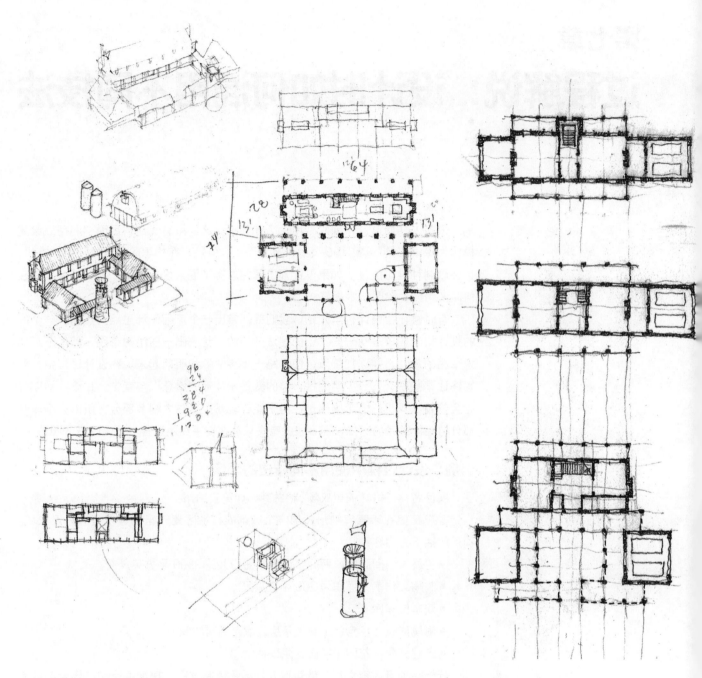

图 7.1
徒手绘制的草图

主屋平面图的绘制遵循以下两个思路：开放的理念、明确标示出房间。与许多私人住宅一样，该项目也十分重视厨房，因此会产生众多设计方案。这些都只是过程草图，它们并不完美，有待修改。绘制草图用的是 2H、H 和 HB 铅笔，纸张品牌是 Clearprint，这种纸张优于黄色草图纸，能够经受大量修改而不会撕裂，同时还具备足够的透明度。草图越来越多，这种纸层层叠放也无大碍。通过使用扫描仪和 Photoshop，有些修改可以用"补丁"来完成，即将一些比较小的独立

过程解说：设计时如何混用不同技法

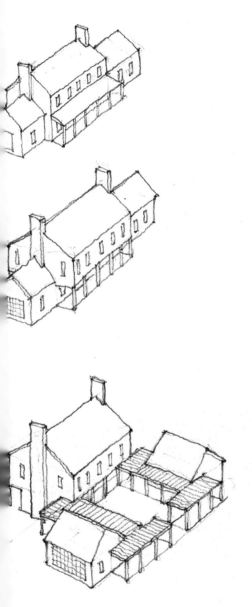

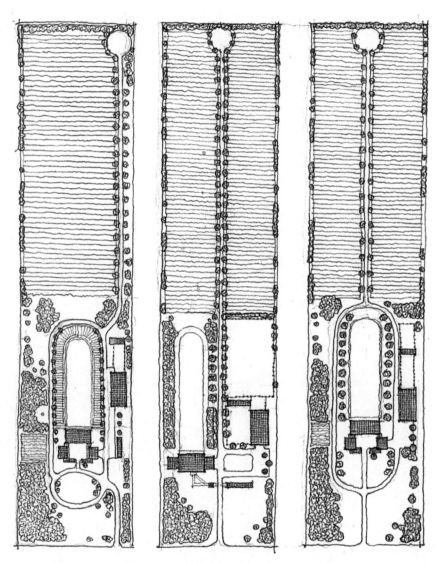

的图稿插入数字化底图中。客户很乐意了解设计师的思路是如何一步步完善，设计又是如何一步步推进的。在设计过程中，任何时候都可以将平面图插入带有标题栏、边框和些许颜色的底图中，然后向客户展示，而不必停下来制作新的演示图稿。从材料文件夹中导入色调块来填色，能够有效消除一些小的错误、铅笔造成的污迹，以及擦得不彻底的线条，同时仍然可以保留手绘图稿的感觉。

过程解说：设计时如何混用不同技法

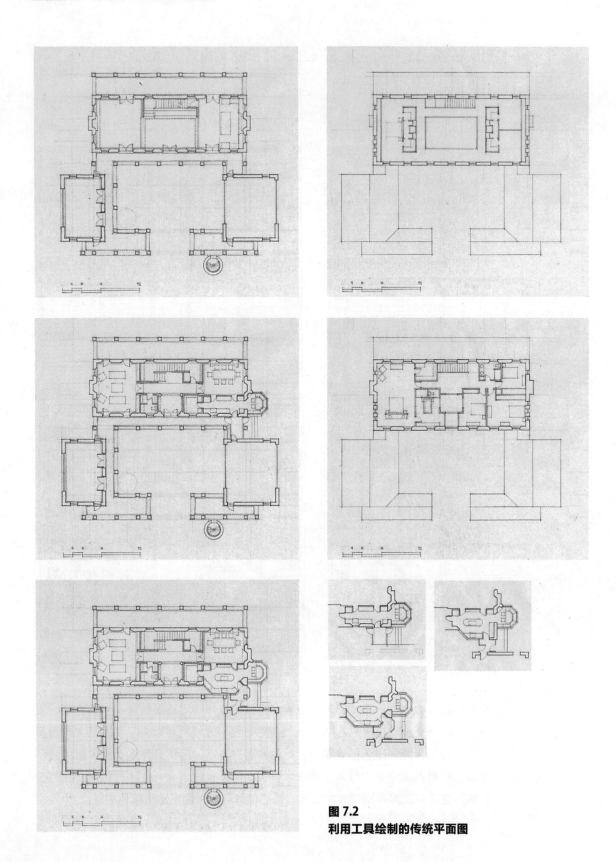

图 7.2
利用工具绘制的传统平面图

过程解说：设计时如何混用不同技法

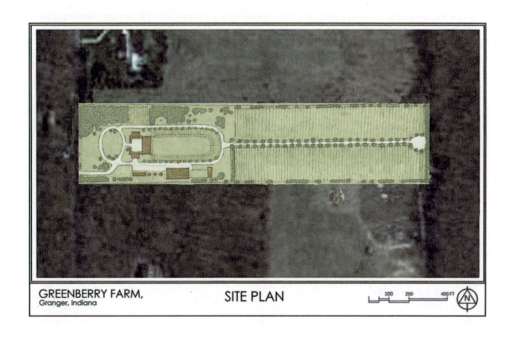

图 7.3
徒手绘制的草图，用 Photoshop 上色后嵌入卫星图像中
上图：农场局部平面图
下图：农场总平面图

过程解说：设计时如何混用不同技法

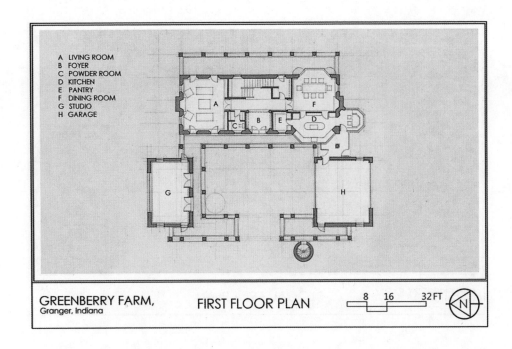

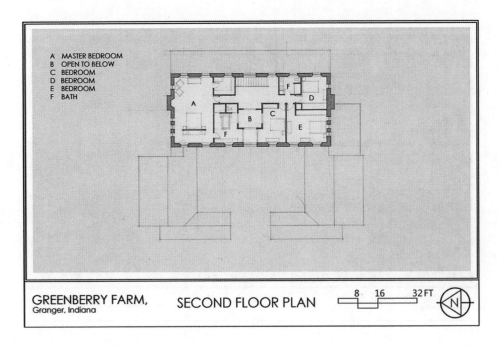

图 7.4
传图绘图：平面图和立面图（利用 Photoshop 上色）
152 页上图：第一层建筑的平面图
152 页下图：第二层建筑的平面图
153 页上图：北面和西面的立面图
153 页下图：南面和东面的立面图

过程解说：设计时如何混用不同技法

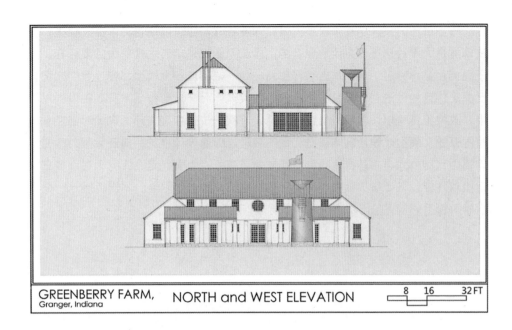

GREENBERRY FARM, Granger, Indiana   NORTH and WEST ELEVATION   8 16 32 FT

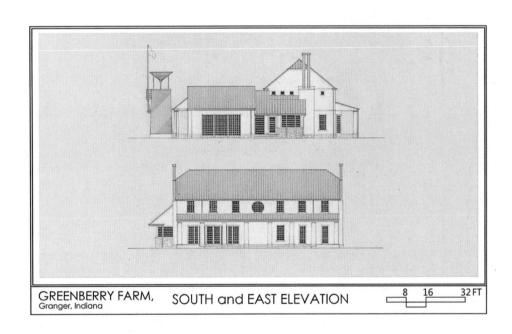

GREENBERRY FARM, Granger, Indiana   SOUTH and EAST ELEVATION   8 16 32 FT

过程解说：设计时如何混用不同技法

一张出色的设计图稿不仅是有效的沟通媒介，也可以成为艺术品。但是，图稿毕竟是为设计这一创意活动服务的，因此不能把追求艺术性作为首要目标。过于强调用某种特定工具制作出某样作品，如一幅画或一个模型，会让我们忘记自己真正的目的是这些作品最后指向的那些实体，而非这些作品本身。在设计过程中，改换工具可以让我们避免这样的错误。有一位知名建筑师，设计时都是从画草图开始，最后才改用实体模型和数字模型。随着设计推进，他还会不时改变实体模型比例的大小。这样做的目的就是为了避免"为模型而设计"。[1] 在众多三维建模软件中，只要掌握其中一种便能有效克服手绘的局限性。本例将展示一个数字学习模型如何揭示出图稿中一些需要进一步完善的地方。

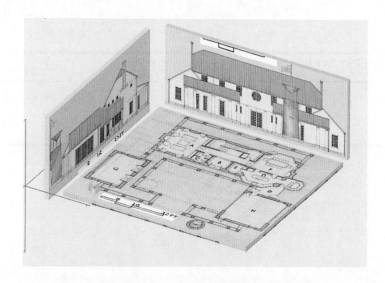

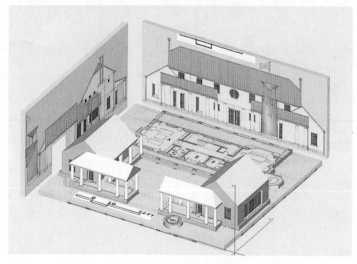

图 7.5
屏幕截图：建立在数字化平面图和立面图之上的计算机模型

过程解说：设计时如何混用不同技法

创建以手绘图稿为基础的数字模型时，要将平面图和立面图分别描绘在平面上，并将三维模型建立在这些平面上，这样才能保持传统手绘图稿和数字图稿的连贯性。

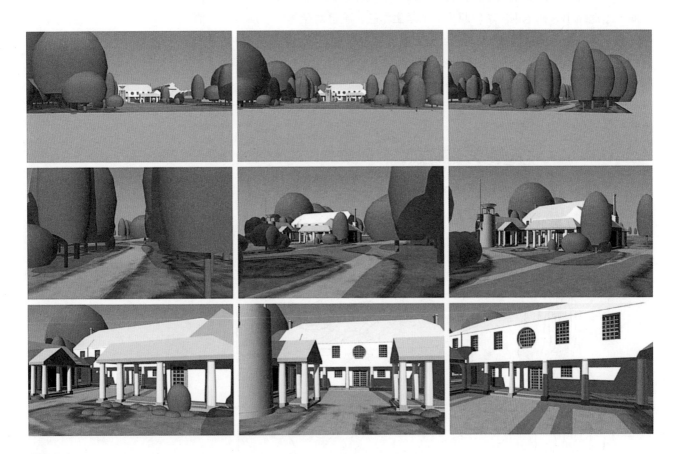

图 7.6
模拟通往房子路径的连续图像

数字学习模型能够快速生成无数图像，这些图像用故事板串联起来就可以模拟运动，例如，在实时视频或本例这样的情况中。我们通过研究这些图像的顺序就能够了解景观的位置安排，目的是强调这样的场景顺序：人们先在远处看到房子，然后房子被遮蔽，直到越来越接近它才再次出现在人的视野中。最后前往主屋时，只有进入院子，窗户才会在图像中出现。

我根据计算机制作的三维图像绘制了一幅俯瞰视角的传统线稿图（见第六章"示例：建筑外景图上色法"）。在绘图过程中，每换一次工具就意味着新的发现。随着设计图变得越来越精确，就可以利用一些高级三维建模软件来研究诸如色彩、纹理、反射光这样的变量会在实际情况中产生什么样的效果，甚至可以利用这些软件来考量一些第三维度之外的因素，比如运动、重力、风。但是，创建这些模型需要花费更多的时间，在目前这个设计节点上，主要任务是保持设计工作的流畅，而不要受制于那些既耗时又不提供修改空间的软件。

过程解说：设计时如何混用不同技法

示例：利用三维建模作为探索工具

有时候，建筑师会碰到存在多种解决方案的复杂项目。如果能够将该项目的各个组成部分转化为三维图像，并将其实时转动，那么就能够简化设计过程，且有助于迅速缩小选择范围。本例原为一个学生作品，项目对象是位于沙特阿拉伯半岛的一个"生态度假酒店"，酒店坐落在高耸的岩层上，可以俯瞰一整片沙丘。这个设计项目持续了四个星期，用于研究非西方传统建筑。

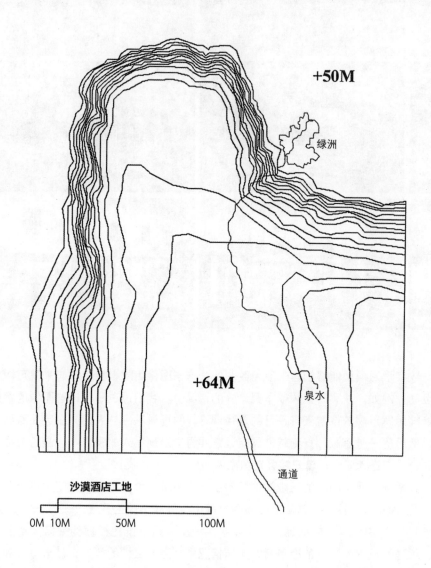

图 7.7
总平面图，建筑地点三维模型，度假酒店各个组成部分

过程解说：设计时如何混用不同技法

教师引导学生使用三维建模软件进行规划。学生只要确定项目中的各个组成部分并将其做成模型，就能操控这些模型，开始考量各个部分之间的空间关系和组成体块的可能性。透视图经过确认之后就可以作为后面徒手绘图时的底图。

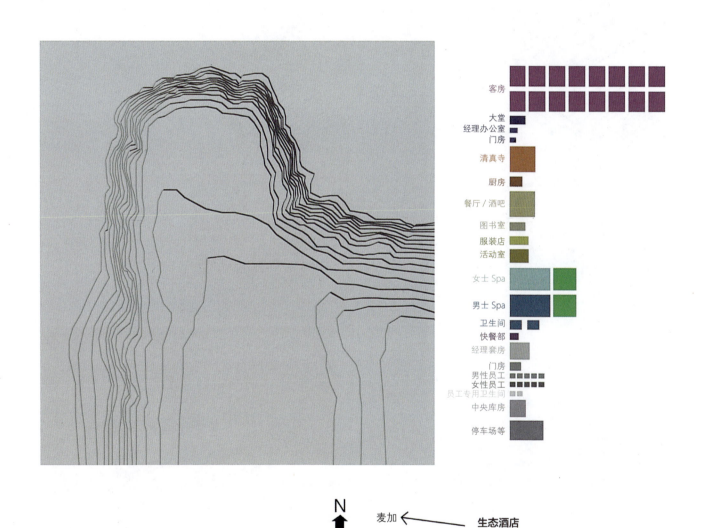

过程解说：设计时如何混用不同技法

图 7.8
数字化体块模型，用 Photoshop 上色的传统手绘图

过程解说：设计时如何混用不同技法

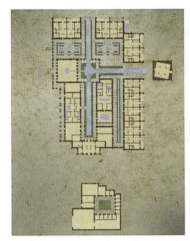
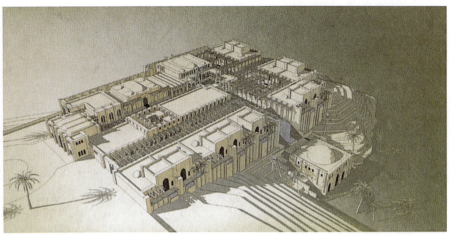
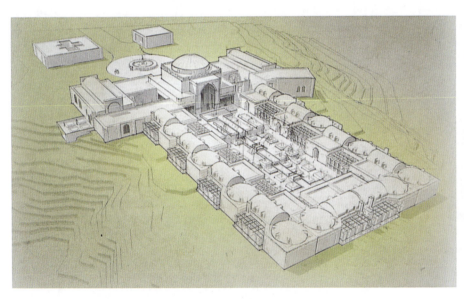
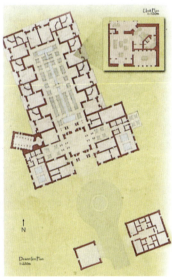

图 7.9
学生作品：基于数字化体块模型绘制的平面图和透视图，并用 Photoshop 渲染
上图作者：保罗·海耶斯；下图作者：威廉·赫尔

过程解说：设计时如何混用不同技法

图 7.10
学生作品：基于二维立面图和平面图的数字模型绘制的传统水彩图，并被映射到三维模板中
左上图作者：戴安娜·于；右上图作者：克莱尔·马特尔

过程解说：设计时如何混用不同技法

草图与三维建模的结合使用

传统建筑者能够一边构思一边开始建造房子，这样的做法有助于将建筑与美学融合在一起，而现代技术无法做到这样。早期的哥特式教堂和日本传统寺庙就是很好的例子。随着政治、经济形势的变化，文艺复兴时期的建筑师越来越依赖绘图和实物模型来简化和缩短设计与建造过程，他们绘制的平面图、立面图和剖面图形成一套明确无误的说明书，因此无须亲自到现场指导。在接下来的500多年里，设计师们就一直拘泥于正射投影的绘图方法，从而阻碍了诸多设计可能性的发挥，而像传统建筑者那样把想象与实践知识结合起来的做法恰恰能够避免这样的弊端，不过此种说法有待商榷。计算机建模之所以能够取代传统绘图和实物模型，成为设计构思可视化的首选方法，主要原因如下：计算机建模效率更高，而且所建模型容易修改、控制，地面层视图和内部视图也更易于模拟出来；更重要的是，从构思到建模成型，每一步都能放在三维空间中加以考察和评估。

数字化的波罗米尼

该项目的灵感来源于建筑家波罗米尼，目的在于构建一个虚构的建筑。要是波罗米尼手上有一台计算机的话，估计也会设计出这样一个房子。首先将一幅比较小的、还未修改完善的构思草图扫描到计算机里，并用建模程序将这幅扫描图投射到一个平面上。画草图时，对比例和匀称性都会有本能的直觉感，但除非将模型建在草图之上，否则这种直觉在数字化环境中难以保持。将草图转化为三维模型的过程能够显示出许多修改痕迹，而这是二维图画无法做到的。

图 7.11
草图原稿

过程解说：设计时如何混用不同技法

　　原始构思草图尺寸为 3 英寸 ×3 英寸，而且只画有一半立面图。运用 Photoshop 将草图扫描、复制和映射。

图 7.12
屏幕截图：建在构思草图上的计算机模型

过程解说：设计时如何混用不同技法

图 7.13
带有金属光泽的巴洛克式建筑；成品图像

过程解说：设计时如何混用不同技法

重构亚壁古道

有一门三维建模的基础课程要求学生利用传统技法设计一个陵墓。学生对自己的手绘设计图感到满意之后，就可以开始使用数字技术，在手绘图基础上建造一个三维模型。学生看着自己的设计从一张图纸变成三维立体模型，能够受到激励去掌握相关软件的用法。计算机制图既能揭示设计中存在的问题，又能展现设计可能性，这正是传统绘图方法无法做到的。让学生交换彼此设计的陵墓图稿，并向邻座同学解说自己的设计，可以看出他们是否具备在一个数字模型中快速整合众人成果的能力。在本例中，就是要让学生重构和再现部分亚壁古道的原貌。

注释

1. Pollock, S., director, *Sketches of Frank Gehry*, 2006.

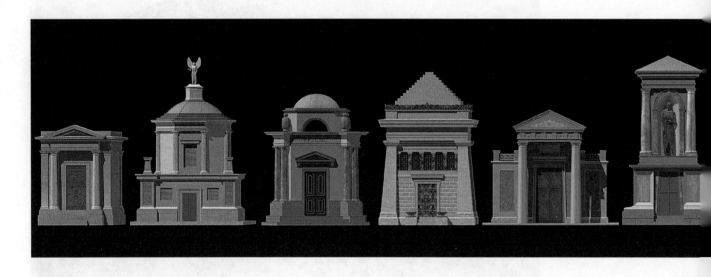

图 7.14
学生作品：陵墓
作者（从左往右）：西尔维斯特·巴托斯、丹尼尔·奥斯腾多夫、凯伦·克劳斯、朱利安·默菲、格雷斯·马列奇、萨拉·米罗利、克里斯蒂·秦、阿曼达·米勒、蒂莫西·卡罗尔、凯瑟琳·维齐、帕特里克·奥康奈尔、乔丹·德尔·帕拉西奥

过程解说：设计时如何混用不同技法

165

过程解说：设计时如何混用不同技法

图 7.15
学生作品：亚壁古道中的陵墓（立面图、平面图、经过渲染的透视图）
作者（从上往下）：帕特里克·奥康奈尔、阿曼达·米勒、格雷斯·马列奇、蒂莫西·卡罗尔、朱利安·默菲

# 第八章
光与影

预估自然光和人造光可能产生的效果会从根本上影响设计过程中所做的各种选择。我们或许可以向职业摄影师学习如何用光。摄影师在户外拍摄时，为等到最佳的光照条件，有时可能会等上几天、几周甚至几个季度。而在室内拍摄时，他们可能为了获得最佳光照效果而添加一组新的人造光源，从而完全改变已有的光照条件，这不得不让人感到诧异。

太阳位置的设定

如果设计对象采用自然光照明，那么我们在设计时首先要预测一下自己所处的位置，因为我们的位置事关设计对象和太阳的位置。一般而言，太阳的位置要么在我们的前面，要么在我们的后面，而太阳升起的位置要么在左边，要么在右边。一天中的时辰、一年中的时节，抑或我们在地球上所处的位置，都能影响太阳在天空中的角度与位置。了解现实中阳光与设计对象及其位置的相互关系，是比较稳妥的做法，但艺术创作偶尔也会为透露真相而对我们撒一个小谎。换句话说，在设计时，可以将太阳设定于一个能够清晰展示设计对象，让其显得更好看的位置，即便太阳永远不可能出现在这样的位置上。

图 8.1 描绘的人物站在一间小屋前面。人物脚下的圆圈中那些交叉的线条对应着小屋的主轴。黄色箭头表示太阳照射的方向。为保持一致，太阳与地面的角度设定在 45°。为便于展示，本例中的太阳是属于"前哥白尼时代的宇宙"，围绕着地球旋转。

阳光照射在某个平面上时，如果与平面成直角，则光照最足。随着太阳移动，光照便会变弱。如果设计图的目的是为了让我们了解设计对象，那么太阳的最佳位置通常只有为数不多的几个。对于图 8.1 中的小屋，A 和 C 是太阳所处的两个最佳位置，因为这样小屋的每一面都会被阳光照到，但主要和次要建筑面所受光照显然是不同的。

光与影

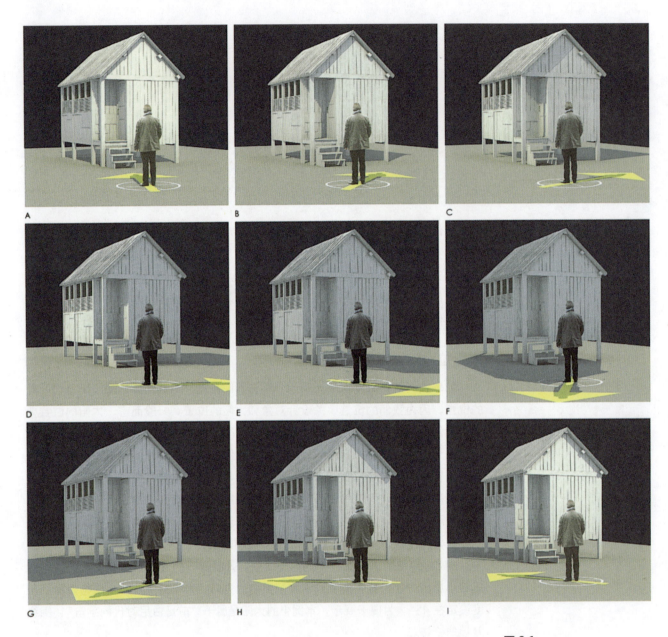

图 8.1
设定太阳的位置

或许有人会认为例图 B 中所设定的太阳位置也很好，其实不然：如果太阳与建筑呈 45°角，而该建筑的几个主要立面又互相呈直角，那么每个建筑面就会受到一模一样的光照，这样只会让观者对建筑结构感到困惑不解，而无豁然之感。

例图 D 和例图 I 也是可能的太阳位置，但两图中的小屋都会有一个主要区域少了阴影部分，因而不利于界定小屋的各个建筑面。剩下的其他例图，大部分使用的都是背光模式。如果不将所有可能的太阳位置都考虑一遍，显然是不恰当的；事实上，许多成功的画作和照片都采用了背光技术。通过夸大反射光的效果，就能提高整个画面的效果，而反射光是大多数数字化渲染软件无法模拟出来的。总而言之，设计图的创作者绝不能忽略绘图的目的：到底是为了将设计对象或建筑画得尽可能清楚，还是为了唤起某种情感反应？

构建阴影部分

下面的例图都是用计算机制作出来的。既然用计算机创建阴影如此简便，那么就没有必要讨论手绘的必要性了。但是，正如前文所言，计算机能做的事并不意味着操作计算机的人也知道如何做。对于希望设计出沐浴在阳光中的建筑的设计师来说，掌握光影规律能够让他们了解设计时应该如何取舍。

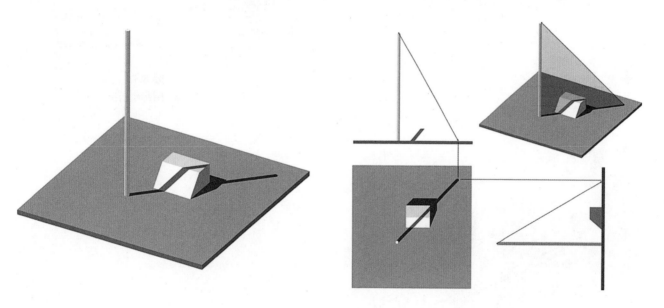

图 8.2
阴影剖析图

学习如何构建阴影部分的方法之一就是设想在一根杆的顶部有一点，太阳的位置与杆的顶部、底部和地面形成一个三角形，该三角形的平面能够穿过它所及之处的一切东西，从而形成阴影。所有阴影都可以想象成是由许多这样的三角形平面组合在一起构成的。

光与影

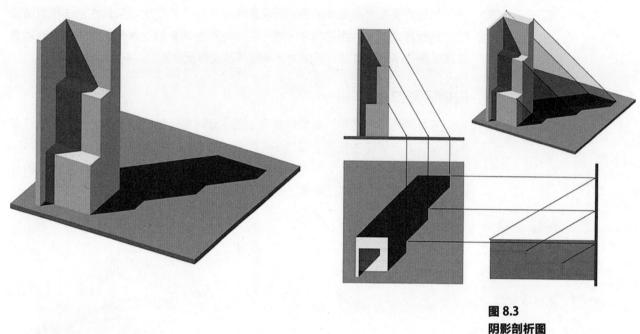

图 8.3
阴影剖析图

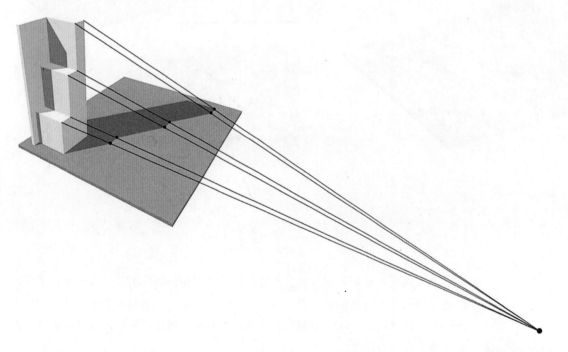

图 8.4
透视图中的阴影部分

　　构建透视图中的阴影部分时，请记住这个重要原则：所有平行线共享一个灭点。因为太阳距离地球非常遥远，所以实际上所有太阳光线都是平行的，任何和太阳光线平行的直线最终都将汇聚到同一个灭点上。

图 8.5
比较立面图中的投影部分

图 8.5 中的哪个投影是准确的？很多人会犯错误，认为不管是平面图还是立面图中的轮廓部分就是将投影部分的轮廓画出来。

图 8.6
比较透视图中的投影部分

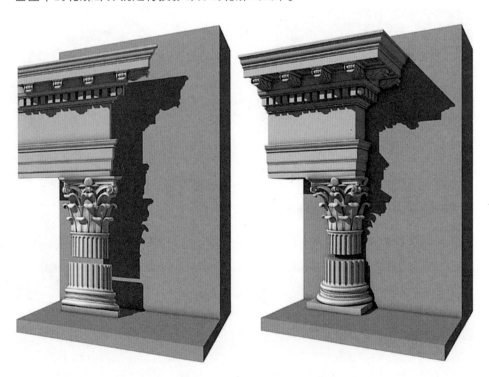

观察这两幅透视图（图 8.6），能够确定两图中的阴影部分虽然是由完全不同的物体投射的，但都准确无误。关于阴影的更多例子可见图 8.7 和图 8.8。

光与影

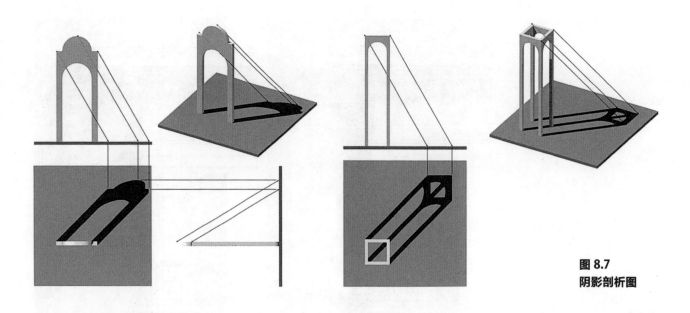

图 8.7
阴影剖析图

图 8.8
阴影剖析图

反射光

给虚拟建筑或环境绘图时，反射光是一个经常被忽略，但很重要的元素。

图 8.9
反射光

天气晴朗的日子，阳光穿过大气时会与气体分子和水分子发生作用，使天空呈现蓝色。除太阳之外，天空是另一个光源。太阳的暖光会被天空中其他扩散光弱化，这就是为什么阴影通常让人感觉凉爽。如果缺少了太阳直射光，处于阴影中的所有一切就可能完全由天空来提供光亮。在月球上拍摄的照片记录到的是一片完全漆黑的阴影，这是因为月球上没有空气使光发生扩散，所以天空无法成为第二个光源。有些阴影带有暖色调，这是因为阳光从附近物体的表面反射回来，到达某个完全或部分背阴的物体表面。将阳光反射回来的那个物体的表面颜色也会影响位于阴影区域中的所有物体的表面颜色。暖色调的物体表面会强化阳光中的暖色，而冷色调则会将之弱化。

图 8.10
来自人行道的反射光

在图 8.9 中，墙体的整个垂直面都处于阴影之中。我们可以观察到，墙体越靠近被太阳直射光照射的人行道路面，颜色就越亮，色调就越暖，这是因为浅色调的人行道路面是一个暖色光的强光源，其亮度甚至超过来自天空的环境光。

图 8.11
来自边缘的反射光

在内缩墙面的水平方向突出处，有一块很小的区域会照到一些太阳直射光，并将这些光向上反射，让邻近的垂直墙面变得很亮。

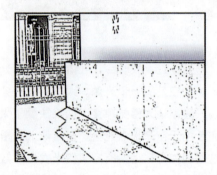

图 8.12
由反射光造成的发散阴影

除这个小区域之外，水平方向突出处往右的那些区域会通过人行道反射上来的光线在垂直墙面上投下淡淡的阴影。

图 8.13
反射光与投影

光与影

图 8.13 用其他物体说明了同样的反射光现象。该图拍摄于傍晚时分，当天是一个万里无云的日子，阴影区域完全是被蓝天照亮的，因此呈现蓝色。

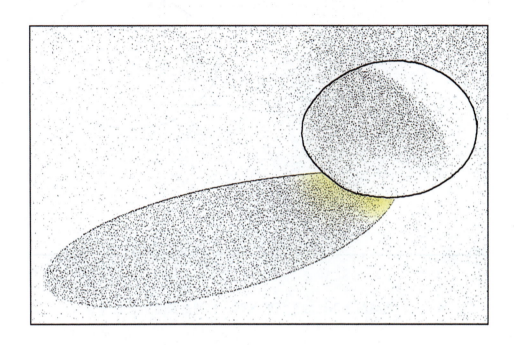

图 8.14
照亮阴影的反射光

从鸡蛋正下方的白色平面反射回来的一些阳光不仅给鸡蛋的底面提供了光亮，而且再次反射到离鸡蛋最近的阴影区域上，从而使该区域比其他阴影部分稍亮，也更呈现暖色。注意观察蛋壳上光线最亮的地方正是垂直于太阳光线的部分。

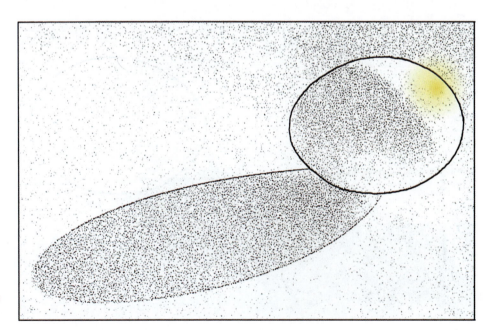

图 8.15
最亮的地方是垂直于太阳光线的部分

光与影

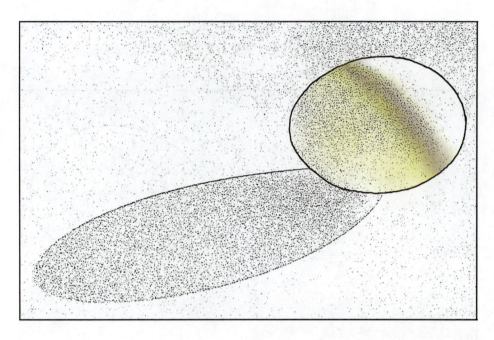

图 8.16
从亮面到阴影的过渡区域

在蛋壳上，鸡蛋与太阳光线平行的区域，色调是最暖的。过了这个点，便是阳光不能照到的区域，这是蛋壳上阴影最暗的地方。接下来，随着越来越多的蛋壳表面被地面光线照亮，阴影区域的颜色再次变淡。注意观察：鸡蛋投下的阴影区域，离鸡蛋越近，颜色就越清晰浓重，离鸡蛋越远，投影就会变得浅淡而模糊。

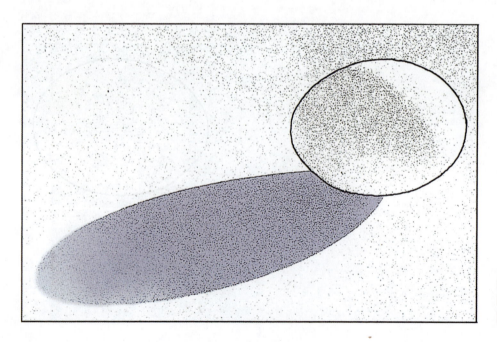

图 8.17
随着离投影物体越来越远，阴影开始扩散，变得模糊

光与影

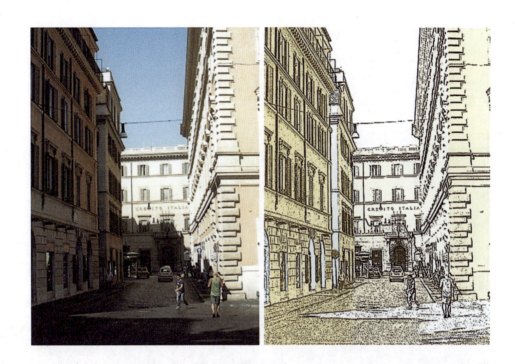

图 8.18
冷、暖色调阴影

想要预先知道阴影是冷色调还是暖色调，还需要进一步了解相关知识。图 8.18 中显示的既有暖色调阴影，也有冷色调阴影。左边建筑主要是由明亮、温暖的光线照亮的，这些光线由终点站大楼和右边建筑反射出来。狭窄的街道和挑檐都使左边建筑的一些外立面不会被来自天空的冷光照到，因此该建筑大部分呈现出暖色调，只有深凹的窗框和那处背对着终点站大楼，无法窥到全貌的外立面除外，这些地方只能被来自蓝天的扩散光照到，所以呈现出来的是冷色调。

图 8.19
来自云层的暖色反射光

光与影

利用彩色图像来描绘可能的现实场景时,为强调反射光效果,不妨夸张一些,这样做有时是可取的。请记住:天空并不都是蓝色的;有时,落日会照亮东边的大片云彩,带着明显反射光的天空几乎变成橙色或红色。图8.19的照片拍摄于落日时分,地点是芝加哥一处朝正东方向的湖畔。

图 8.20
云层厚重的天空造成的有些夸张的落日余晖效果

如果天气条件合适,厚重的云层有时候也会在日落时分消散开,让阳光透过云层照亮物体,给物体染上一层特别亮的橙色光线——此时的天空中没有明显的扩散冷光,阳光带有更暖的色调。

阳光穿过大气层时,如果空气中含有大量微粒,如水分子、烟雾颗粒,甚至细小的雪粒,那么阳光也会成为特殊的反射光光源。

光与影

图 8.21
反射光图例

在图 8.21 的每幅图片中，无论从水平面还是从垂直面反射出来的暖色调阳光都会照亮阴影中的一些区域。

光与影

图 8.22
来自人造光源的反射光

人造光源也可以创造出非同寻常的效果,有时甚至会打破冷色反射光和暖色反射光之间的正常关系。

光与影

图 8.23
午后阳光中的帕欧拉喷泉

位于意大利罗马的帕欧拉喷泉（Acqua Paola）是文艺复兴时期的一个剧院的一部分。剧院正东方向的外立面整个下午都笼罩在阴影之中。喷泉上方的三个开口使喷泉后面的露天空间与前方外立面形成鲜明对比。尽管后方外立面也笼罩在阴影之中，但因为有了前方外立面背面反射回来的阳光，因此看起来要比前方外立面更亮，更呈现出暖色调，而前方外立面除来自天空的光线外就没有任何反射光照明，因此呈现出冷色调。到了晚间，现代灯光技术可以产生同样的效果。

光与影

图 8.24
落日余晖中的杰斐逊纪念堂

图 8.24 中的杰斐逊纪念堂拍摄于日落之前。圆柱背后的墙面看起来要比柱顶盘暗一点，颜色也更偏橙色，这是因为这些墙面接收到的来自天空的扩散蓝光比较少。

第九章
构图技巧

　　大致来说，构图就是通过对光影、色彩与颜色的和谐运用，营造美感。大多数艺术家会根据自己所见进行创作，他们的视觉经历——他们走过的地方、遇到过的事情——都成为他们的灵感来源，他们将这些灵感表现在纸张或者画布上。而设计师必须根据自己的想象进行创作，因为他们表达和创作的对象是不存在的，所以他们的工作更加艰巨，不仅需要熟悉，而且还需要预测包括阳光、反射光、阴影、投影和透视在内的种种视觉现象产生的效果，还必须懂得在绘图时如何运用这些知识来合理支配上述各种视觉现象，从而让自己的设计图能够令人信服。

　　通常来说，设计师将自己的想法展现在图纸上时，并不会同时通过口头或书面形式来解释自己的想法。设计师的图纸，或者说是设计师视觉化了的想法，在许多方面发挥着作用：这些图纸必须让那些对于设计对象一无所知的人能够看懂，必须让人相信设计对象的价值，必须让人过目不忘。出色的图稿应该是一种表演艺术，能够引导观众的视线进入并参观图稿所展示的空间。构图是能够影响人们对设计图稿的理解和欣赏的一种有力手段。几个世纪以来，人们已经掌握了不少构图技巧。但是，艺术从未被规则束缚，新的构图技巧不断地出现，要么是对已有技巧的延伸，要么是一种颠覆。本书接下来将介绍几种有效的构图技巧。

构图技巧

图9.1
第一排（从左往右）：约翰内斯·维米尔《弹琴的女孩》《与一位男士在一起的弹维金纳琴的女士》；温斯洛·霍默《八声钟》
第二排：约翰·辛格·萨金特《威尼斯圣思塔教堂的一角》；文森特·梵高《麦田与柏树》；克劳德·莫奈《维特尼的风景》
第三排：阿尔伯特·比尔施塔特《落基山脉的日落》；让-巴蒂斯特·卡米耶·柯罗《威尼斯皮亚泽塔》
第四排：伦勃朗·凡·莱因《画室中的艺术家》；乔瓦尼·安东尼奥·卡纳莱托《拉内勒夫圆形大厅的室内空间》

　　在西方艺术中，大部分画作是从左往右观赏的，观众应该从画作左边看起，然后往右看。要实现这样微妙的看图顺序需要将图中的光源放在左边或调整构图元素。画家之所以采用这一方法，主要出于以下两个方面的原因：大部分画家用右手作画，这样可以避免作画时右手的阴影投射到画面上，因此给画布和作画对象提供的光源应该来自左边。但是，有些画家采取西方这种传统看图模式，可能是因为他们带领观众从左往右欣赏一幅画作的构图。

构图技巧

图 9.2
第一排（从左往右）：弗雷德里克·雷明顿《侦察员：是敌是友》；爱德华·霍普《朝阳》
第二排：大卫·罗伯茨《逃往埃及》
第三排：托马斯·科尔《人生旅途·童年》；居斯塔夫·库尔贝《埃特尔塔》

从左往右这一看图行为常常会因画面右边某一垂直方向的元素而不得不中断或改变方向，转而看向画面内部。有些画家会在画面右边留出空间，表现出一种前往另外一个空间的愿望或自由。

构图技巧

图 9.3
第一排（从左往右）：伦勃朗·凡·莱因《夜巡》《解剖课》
第二排：弗雷德里克·丘奇《月出》；欧仁·德拉克洛瓦《塔耶堡之战》
第三排：约翰内斯·维米尔《写信的女士》；威廉·特纳《威尼斯海关大楼博物馆与圣乔治·马焦雷教堂》

过去的许多大师，尤其是伦勃朗，喜欢将构图中最重要的元素处理得最亮。被光吸引是人的本性，只要将描绘的对象变为画面中最亮的部分，便能立刻吸引观众的注意力。然而，在亮色背景衬托下，暗色部分同样能够显示出在构图中的重要性。

构图技巧

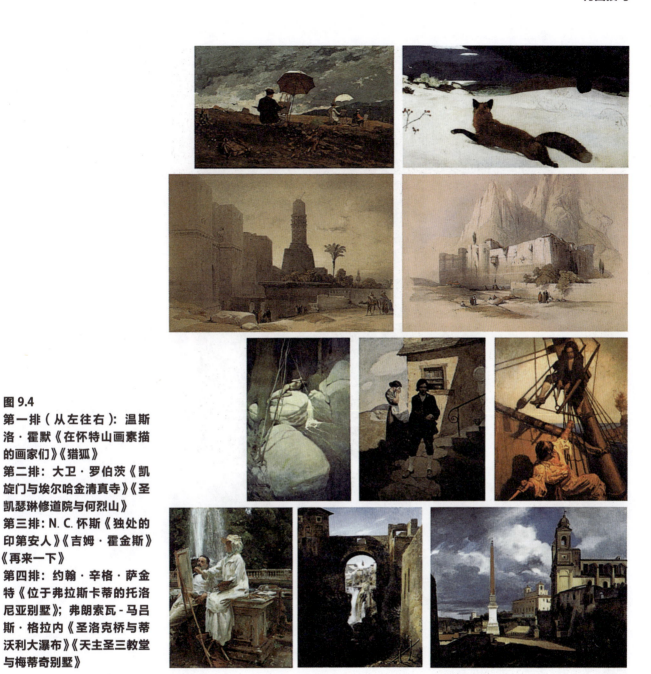

图 9.4
第一排（从左往右）：温斯洛·霍默《在怀特山画素描的画家们》《猎狐》
第二排：大卫·罗伯茨《凯旋门与埃尔哈金清真寺》《圣凯瑟琳修道院与何烈山》
第三排：N. C. 怀斯《独处的印第安人》《吉姆·霍金斯》《再来一下》
第四排：约翰·辛格·萨金特《位于弗拉斯卡蒂的托洛尼亚别墅》；弗朗索瓦-马吕斯·格拉内《圣洛克桥与蒂沃利大瀑布》《天主圣三教堂与梅蒂奇别墅》

鲜明的对比能够吸引观众的注意力，明暗相邻有助于突出彼此。

187

构图技巧

图 9.5
第一排（从左往右）：乔凡尼·巴蒂斯塔·皮拉内西《埃及人与希腊人建造的古代学校》；休伯特·罗伯特《运河上的建筑景观》
第二排：托马斯·庚斯博罗《科拿森林》；乔凡尼·保罗·帕尼尼《罗马圣彼得斯教堂内部》
第三排：劳伦斯·阿尔玛·塔德玛《一株夹竹桃》；老彼得·勃鲁盖尔《雪中的狩猎者》
第四排：大卫·罗伯茨《圣凯瑟琳修道院》《巴勒贝克神庙的入口处》《开罗绸布商市场》

无论画作中的路径还是能够让人联想到路径的元素，都能够引导观众的视觉顺序，使其按照作者的感情线索去欣赏画面。

图 9.6
第一排（从左往右）：约翰·辛格·萨金特《被复仇者追赶的约翰·俄瑞斯忒斯》；提香《乌尔比诺的维纳斯》
第二排：扬·凡·艾克《阿尔诺芬尼夫妇像》；托马斯·科尔《被逐出伊甸园》
第三排：扬·凡·艾克《大臣洛林的圣母》；伦勃朗·凡·莱因《沉思中的哲学家》

　　构图方式之一是从垂直方向、水平方向或沿对角线方向将画面一分为二，从而可以在这两部分画面的各个构成元素之间形成对比或张力。

构图技巧

图 9.7
第一排（从左往右）：温斯洛·霍默《墨西哥湾流》《卡雷扎湖》
第二排：弗雷德里克·雷明顿《冲向树林》；大卫·罗伯茨《巴勒贝克》
第三排：雅克-路易·达维特《贺拉提乌斯兄弟之盟》；扬·凡·艾克《与圣人和施主在一起的圣母与圣婴》

将画面分成三部分是构图的另一种方式。

图 9.8
第一排（从左往右）：卡拉瓦乔《施洗者圣约翰》；N. C. 怀斯《在伊锐德岛上》；提香《该隐与亚伯》
第二排：彼得·保罗·鲁本斯《仿列奥纳多·达·芬奇画作：安吉里之战》《拉奥孔和他的儿子们》
第三排：泰奥多尔·席里柯《梅杜萨之筏》；乔治·贝洛斯《沙奇俱乐部的猛拳出击》

对角线与尖角会产生动态感与张力感。

构图技巧

图 9.9
第一排（从左往右）：威廉·梅里特·蔡斯《中央公园外的景色》；温斯洛·霍默《男孩与小猫》
第二排：詹姆斯·麦克尼尔·惠斯勒《切尔西商店》；约翰内斯·维米尔《戴珍珠项链的年轻女子》
第三排：约翰·辛格·萨金特《在卢森堡公园里》《在卡普里岛的罗西娜》

留白能够突出关注的焦点。

构图技巧

图 9.10
第一排（从左往右）：玛丽·卡萨特《洗浴》；休伯特·罗伯特《破坏：在圣丹尼的墓穴》
第二排：彼得·保罗·鲁本斯《古代四大河流》《维纳斯、丘比特、巴克斯和克瑞斯》

按照黄金分割法或斐波纳契数列构成的螺旋形有助于安排构图布局。

构图技巧

圆形也有助于安排构图布局。

图 9.11
第一排（从左往右）：彼得·保罗·鲁本斯《强劫留西帕斯的女儿》
第二排：温斯洛·霍默《挂满鲱鱼的渔网》
第三排：大卫·罗伯茨《前往佩特拉古城》

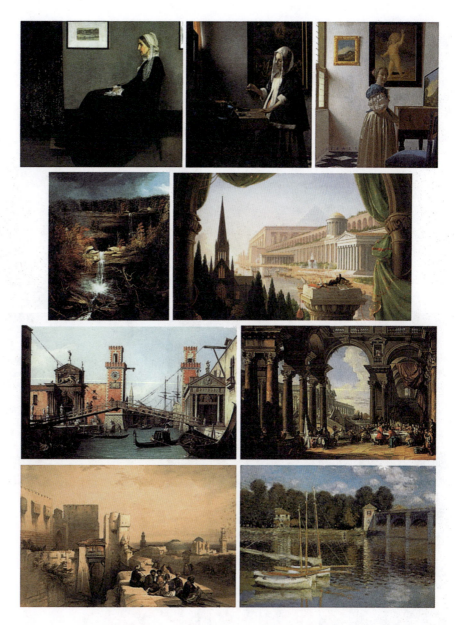

图 9.12
第一排（从左往右）：詹姆斯·麦克尼尔·惠斯勒《黑与灰的乐曲》；约翰内斯·维米尔《称金者》《站在维金纳琴旁的女子》
第二排：托马斯·科尔《卡茨基尔瀑布》《建筑家的梦想》
第三排：乔凡尼·安东尼奥·卡纳莱托《武器库入口处的景色》；乔凡尼·保罗·帕尼尼《迦拿的婚礼》
第四排：大卫·罗伯茨《耶路撒冷城堡》；克劳德·莫奈《亚尔嘉杜之桥》

画作中的任何元素，无论和画作中的平面平行的元素还是能够让人想起平面的元素，都有助于加强画面的构图。

构图技巧

图 9.13
第一排（从左往右）：劳伦斯·阿尔玛·塔德玛《阿姆菲斯的女人们》；米开朗琪罗·博纳罗蒂《向赫尔墨斯石柱射箭的弓箭手》
第二排：让-巴蒂斯特·卡米耶·柯罗《枫丹白露森林》；阿尔伯特·比尔施塔特《风景》
第三排：拉斐尔·桑乔《巴达萨尔·卡斯蒂利奥内肖像》；约翰内斯·维米尔《弹吉他的女孩》；N.C. 怀斯《瞎子皮尤》
第四排：马克斯菲尔德·帕里什《持灯者》；大卫·罗伯茨《位于努比亚的阿布辛贝神殿》

通过重复阴影部分、侧面轮廓或画作中的某个元素，可以让画面的构图布局变得生动活泼。

图 9.14
第一排（从左往右）：让－巴蒂斯特·卡米耶·柯罗《酒神在春天：马尔利勒鲁瓦纪念》；大卫·罗伯茨《努比亚菲莱岛神庙的大柱廊》
第二排：列奥纳多·达·芬奇《最后的晚餐》；弗朗索瓦－马吕斯·格拉内《位于罗马巴贝里尼广场上的嘉布遣会教堂唱诗班的室内空间》

对称是构图的一种简单、有效的方法。

构图技巧

图 9.15
第一排（从左往右）：约翰内斯·维米尔《信仰的寓言》《维米尔画室》《地理学家》
第二排：乔凡尼·安东尼奥·卡纳莱托《伦敦：西敏寺桥桥拱中一瞥》；克劳德·莫奈《在圣阿德雷斯花园里的阿道夫·莫奈》
第三排：温斯洛·霍默《拿骚，海水与帆船》；乔凡尼·安东尼奥·卡纳莱托《威尼斯斯基亚沃尼堤岸的景色》
第四排：休伯特·罗伯特《在罗马神庙废墟中祈祷的隐士》；詹姆斯·麦克尼尔·惠斯勒《泰晤士河上的沃平景色》

用前景元素在画面中构建一个边框是突出画作主体的常用方法之一。

图 9.16
第一排（从左往右）：歌川丰国《扮演手越纲的演员》《演员市川九藏、泽村田之助与中村子宽》《沏茶的光司》；约翰内斯·维米尔《读信的女人》
第二排：乔凡尼·巴蒂斯塔·皮拉内西《监狱》《处于突出平台上的犯人们》
第三排：古斯塔夫·克里姆特《阿特湖上的教堂》《水上城堡》《费德里克·玛利亚·比尔肖像》
第四排：克劳德·莫奈《晚餐》；乔凡尼·保罗·帕尼尼《古代罗马场景的画廊》

构图技巧

打破规则（见图9.16）：
- 画面的每个部分都平均用力，予以重视，能让构图显得生动。
- 无论将构图中的元素变得模糊不清或故意将其混淆杂糅在一起，抑或打破透视规则，抑或创造一个观众不熟悉的空间，都能够吸引观众进一步揣摩和欣赏画作。
- 用细节填满画面也能够吸引观众流连于画作前。

第十章
配色技巧

懂得如何配色并能成功地给一幅想象出来的图像配色，其难度远远超过将现实里的物体栩栩如生地画出来。正是因为大多数人没有意识到这一难度区别，在用色时不讲章法，才会往往得不到自己想要的效果。本章首要目的，便是为初学者提供一些能够迅速掌握用色技巧的方法。用色手法越来越娴熟之后，就可以尝试更为复杂的配色。但是，无论具有何种水平，都不要排斥从基础用色开始或回到基础用色上，即便是最娴熟的专业人士——他们已经是用色大师了——也会经常使用最简单的配色，不是因为简单配色容易掌握，而是因为简单配色能够引发人们的联想。

人对颜色的感知受三个因素影响，这些因素既可能单独起作用，也可能综合起作用。

1. 光源：直射光还是反射光，冷光还是暖光。
2. 受光面：冷色调还是暖色调，光滑还是粗糙，反光面还是哑光面。
3. 邻近面的颜色：如果某个区域周围的颜色是与其相反的对比色，那么产生的光学效应就是该区域的颜色会显得更加鲜亮。例如：红色和绿色搭配、黄色和紫色搭配，以及橙色和蓝色搭配。

色彩可以从以下三个角度加以描述。

1. 色相（Hue）是将颜色分为红、黄、绿、蓝、紫等的色彩属性。
2. 色度（Chroma）表明色彩的饱和度或鲜艳度；色度低的颜色，是因为混入了白色或黑色，或同时混入了黑、白两种颜色。
3. 明度（Value）用于区分色彩的明暗度。例如：粉红色比红色明度低，白色比灰色明度低，黄色比蓝色明度低。

配色技巧

技巧1：消除色差

想要配色准确，最简单的办法就是使用消除色差的调色板——那就是不使用彩色。其实，只使用各种深浅不一的灰色绘制的图像往往都很高雅，只是人们常常忽略了这一点。消除色差的方法可以让绘画者专注于图像的明暗度，通过调节亮部和暗部来强化整体构图。如果某个物体或建筑在现实中并不存在，只能通过想象来推测光影效果，这种推测能力需要通过练习和经验获得。在这个过程中，如果将颜色因素排除在外，那么通过想象推测起来就要容易得多。

图 10.1
消除色差的配色方案

技巧2：消除色差后再加上一点淡淡的色彩

第二个技巧是在黑白图像的基础上，在小部分区域添加一些淡淡的不饱和色。这时候一定要忍住往图像上添加亮色的冲动。即使用色比较克制，只要对比一下上色前后的图像，还是会让人对上色后图像的色彩"丰富度"感到惊讶。

图 10.2
消除色差加上浅淡色彩的配色方案

技巧3：不饱和单色配以对比色

该配色技巧和技巧2相似，不同之处在于该技巧并不是以黑白为底色，而是以一种浅淡的色调为底色——冷、暖色调均可，然后在局部区域用其色轮表上的对比色上色。换言之，如果底色是冷色，那么加的颜色就是暖色；如果底色是暖色，那么加的颜色就是冷色。我们通常都没有意识到大部分灰色要么偏向冷色调，要么偏向暖色调，除一些墨色系外，如灯黑、象牙黑、玛斯黑——这些颜色都属于中间色，因为这些颜色会让画面变得暗淡，所以很多水彩画家用色时都会避开这些颜色。如果想试一试该配色技巧的用法，可以拿一张冷色调或暖色调的线稿图，然后用对比色作为薄涂层的用色。画家卡纳莱托虽以色彩明丽的威尼斯风景油画而闻名，但也有一些很出色的风景画作是用暖色调的深咖啡色线条来描绘的，并配以冷色调的灰色薄涂层作为阴影。

图 10.3
不饱和单色加对比色的配色方案
左图：莫斯科高层建筑项目；设计者：芝加哥 SOM 建筑设计事务所（Skidmore, Owings and Merrill）；绘图师：本书作者
右图：乔凡尼·安东尼奥·卡纳莱托《威尼斯幻想》

技巧 4：使用单色

另一种配色技巧就是在图像中仅使用一种色彩，称为单色配色法。前面提到的三种配色方法一般都能产生令人满意的配色方案，但运用单色配色法时，如果所选颜色过于抢眼或让人产生不好的联想，如暗沉的褐色和绿色，那么尽管配色简单，依然不会取得令人满意的效果。即便所选的是"令人高兴"的颜色，如果过于鲜亮或与图像不搭配，那么也不是合适的选择。

图 10.4
单色配色方案

技巧 5：使用全彩色

随着用色技法越来越娴熟，绘图者信心越来越强，配色可以不从消色差开始，而是直接用纯色打底。但是，刚开始的时候，最好还是先用饱和度低的色彩，然后再慢慢改用饱和度越来越高的颜色。请记住这一点：预估配色效果时，如果使用的颜色越鲜亮，那么整幅图像和各种色彩之间和谐的难度就越大。达到一定的熟练度之后，就要学会相信自己的直觉。虽然我们已有一些行之有效的配色策略，如类似法、互补法、对比法，但成功的配色方案有时候是需要打破常规的。

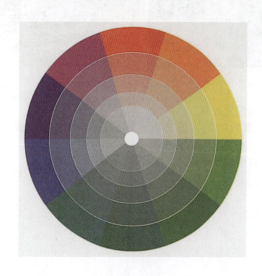

图 10.5
色轮图

配色技巧

图 10.6
类比法配色方案

类比法配色 这种配色法将选择的色彩范围局限在色轮上的一个小范围之内，以确保选出来的颜色搭配和谐。最佳做法就是选择某种色彩作为主色，其他色彩作为高光部分。

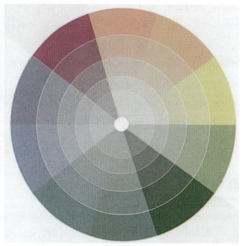

图 10.7
互补法配色方案

互补法配色 这种配色法选用色轮上的对比色。和类比法一样，选择互补法的时候，最佳做法是选择其中的某种色彩作为主色。

205

配色技巧

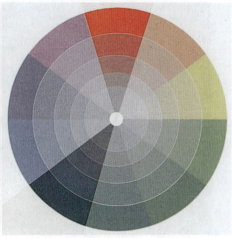

图 10.8
对比法配色方案

对比法配色 这种配色法选择的几种颜色在色轮上相距几格。虽然这样的颜色被称为对比色,但因其共享某种色相,因此搭配起来很协调。

图 10.9
明度相似的颜色

配色时可以遵循以下三条规则。
1. 开始用不饱和色。
2. 将选用的所有颜色的色度控制在一个相似的范围内。
3. 在任何图像中,80% ~ 95% 的颜色必须选自色轮上 2 ~ 4 个毗邻的区域内,余下的颜色则选自主色对面的那部分色轮。余下的这种颜色在图像中使用的区域很少,成为图像中的"高光"色,其所在区域就像点亮了一个个小火花,吸引着人们的目光。

配色技巧

图 10.10
冷色调为主，配以暖色调的对比色

配色技巧

图 10.11
暖色调为主，配以冷色调的对比色

第十一章
例图集锦

专业建筑师作品

伊丽莎白·戴所绘的这幅水彩画（图11.1上图）笔触细腻，用色雅致，运用了第九章讨论的部分构图技巧。观者从画作左边开始看起，视线通过大门，沿着蜿蜒的小路来到屋前和前门处。观者往右看的时候，视线会被画面右边一片暗色的树木挡住。画家并没有用明度最高的颜色来描绘房子本身，而是将这样的颜色用到前景处的壁柱和喷泉上。画面中第二亮的地方是房子的侧面。房子正面也沐浴在阳光中，但阳光只是轻柔地洒在墙面上，留下淡淡的阴影和灌木丛反射出的冷光。

托马斯·夏勒在他的构思巧妙的画作中（图11.1左下图）想要吸引观众注意的地方显而易见。那座小小的看起来没什么用处的建筑色彩鲜亮，似乎连处于前景右边的建筑表面都被照亮了。和上幅图一样，明度最高的颜色都是用于主体建筑的侧面。位于前景处的两个建筑，其后缩的外立面上都有深刻的对角线，将观众的目光引导到构图中心。观众的视线到了主体建筑处就被位于最后方的墙面给挡住，无法再往深处看了。

道格拉斯·贾米森这幅看似简单，却令人遐想的水彩画（图11.1右下图）不仅描绘了明媚阳光中一座地处热带的小楼，还给予观众某种暗示，这两者似乎在画面的边缘和谐地融为一体。画作中超大面积的天空用色得当，浅淡素雅，处理细腻。迎风而立的棕榈树、明亮的廊灯、非同寻常的构图，是否会让人想起潮湿闷热、风雨欲来的热带天气呢？

例图集锦

图 11.1
上图：水彩画　作品名称：奥斯丁家宅
尺寸：12 英寸 ×21 英寸　作者：伊丽莎白·戴
左下图：水彩画　作品名称：威尔夏大道 1000 号
尺寸：15.5 英寸 ×9.5 英寸　作者：托马斯·夏勒
右下图：水彩画　作品名称：度假小楼翻修方案
尺寸：19 英寸 ×14 英寸　作者：道格拉斯·贾米森

例图集锦

图 11.2
上图：罗托鲁瓦湖滨项目，混合媒介型画作
尺寸：9.3 英寸 ×16.5 英寸　作者：伊恩·斯坦肖
下图：辛辛那提滨水公园，以铅笔原创画复印图为底的彩色铅笔画
尺寸：9 英寸 ×13 英寸　作者：克里斯托弗·格拉布斯

　　伊恩·斯坦肖这幅用色克制的精美画作（图 11.2 上图）运用了前文提到的一些配色和构图技巧，例如：不饱和对比色的配色方法；图像二分法（水平或垂直方向分割都可以）；利用水平方向的元素唤起对画作平面的记忆；用留白突出画面主体；用天空颜色的明度变化巧妙地暗示从左往右的看图顺序，并用一个孤零零的身影将观众的视线一直引导至画面最右边。

例图集锦

克里斯托弗·格拉布斯的作品（图11.2下图）风格独特，能够唤起观众的某种情感。他的原创图尺寸相对较小，强调徒手绘图技巧。他经常运用照片和计算机生成的三维图像作为衬底，让其创作的铅笔画变得生动。然后，他会用复印机将这些铅笔画复制到纸上，再在复制图上涂上薄薄的一层水彩颜料，最后用彩色铅笔上色。因为是在复制图上上色，所以彩色铅笔并不会破坏原来的铅笔线条。格拉布斯这幅作品最出色的地方是配色和对未上色区域的处理，这些区域不仅能够提示制图过程，还能突出主要的描绘对象。

图 11.3
上图：罗伯森家宅，绘于黄色描图纸上的普通铅笔与彩色铅笔画
尺寸：8.5英寸 ×14英寸
作者：塞缪尔·英曼
下图：汉斯法国办公大楼，绘于仿牛皮纸上的黑色蜡质彩色铅笔画
尺寸：13英寸 ×8英寸
作者：保罗·史蒂文森·奥立

例图集锦

　　图 11.3 中的两幅作品不仅用的是同一种绘图工具——铅笔，而且都通过对技巧的运用突出了绘图过程。

　　塞缪尔·英曼在这幅技艺精湛的画作（图 11.3 上图）中丝毫无意去掩盖那些绘制透视图时留下的辅助线条，因此就留下了绘图过程中的痕迹。通过不同粗细线条的直观运用，将边缘与交叉部分清晰明确地勾勒了出来。因为是绘制在黄色描图纸上，所以用铅笔匆匆画下的对角斜线轻易产生了用色克制的效果，让人不禁怀疑颜色是不是上在了透明画纸的背面，或者英曼是一个左撇子。

　　从图 11.3 下图可以看出，保罗·史蒂文森·奥立和插画师休·费里斯有一个共同点，那就是他们通常只用黑白两色，因此创作出来的图像都非常典雅庄重。奥立利用画纸材质作为画作肌理，这样一来，不管黑色的三福霹雳马（Prismacolor）铅笔笔尖是钝的还是尖的，在和画纸表面接触之后就能决定纹路的大小，并让建筑上的细节部分与天空和前景形成对比。

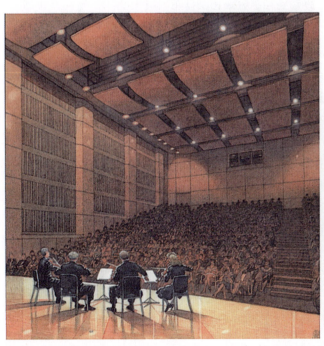

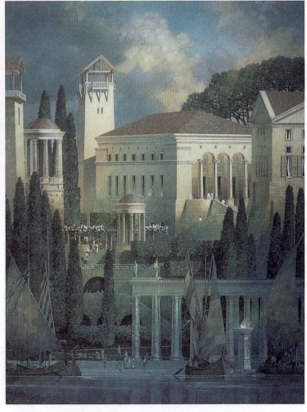

图 11.4
左图：舞台上的四重奏，水彩画
尺寸：9.5 英寸 ×10.25 英寸
作者：弗兰克·科斯坦蒂诺
右图：普林尼的别墅"喜剧"，彩色铅笔画
尺寸：16.5 英寸 ×21.25 英寸
作者：本书作者

例图集锦

如果一幅画作不仅通过视觉，而且通过其他感官，如听觉或触觉，引发观众的回忆，那么这幅画肯定让人更加印象深刻。

弗兰克·科斯坦蒂诺这幅画的构图富有层次（图11.4左图），包含观众、演奏者，以及我们这些画外的观众。如果强调画作中某个元素的方法是用明度最高的颜色（在此画中，用色最亮的部分是乐谱），那么显然科斯坦蒂诺想让观众从另一个维度观赏其作品——听觉。

本书作者这幅富有奇思的画作（图11.4右图），受到莱昂·克利尔作品的启发，影射了这样一个时代：在这个时代中，所有生活形态，尤其是建筑风格，是一种更加感官化的体验。正如图11.4左图一样，这幅画作也需要观众其他感官的参与：让波浪般厚厚的云层、窗帘、旗帜和风帆，变成灵动的微风；花朵与果树散发出香气；炽热的阳光与阴影和阴凉的水面形成对比。

艾尔·鲁西构思巧妙的混合型画作（图11.5上图）融合了传统绘图技法、透明水彩画和数字绘图技术。重复的圆柱体和圆圈、颜色鲜亮的船只，为本应有些硬朗的主题带来了一丝意想不到的活力。鲁西的这幅画提醒我们，对称构图法也包括利用围绕着水平方向的中心线形成的倒影。

韦斯利·佩奇构思复杂的画作（图11.5下图）综合运用了多种构图方法，不禁让人怀疑这么多的构图法并非都是画家有意识的选择，而且这种级别的专业技能只有通过练习和直觉才能获得。这幅画作的构图是将画面一分为三，大片空白的前景区域反衬了画面中间那三分之一区域里繁复的细节。映衬着冷色调的画面，柔和的暖色调建筑无疑能够轻易吸引观众的注意力。我们可以假设该画准确刻画了当地的地形地貌，因为图中建筑所处的地面是依次下降的。这个原本可能会让人觉得有些别扭的构图，因为那些枝叶舒展的树木而得以完美地矫正。那些树木不仅吸引了观众的视线，而且引导观众的视线向上看，向四周看，而后又回到画面构图中。（试想一下：如果没有这些树木，画面将会呈现哪种模样？）读者也要注意观察画面中远处的群山形状是如何与建筑屋顶的几何形状相呼应的。

图 11.5
上图：水道放木工人的隐居处，水彩画与数字图像
尺寸：18 英寸 ×13 英寸　作者：艾尔·鲁西
下图：犹他大学 Sage Point 学生宿舍区，黑芯和彩色铅笔画
尺寸：16.5 英寸 ×27.5 英寸　作者：韦斯利·佩奇

例图集锦

图 11.6
上图：托斯卡纳城市景象，水彩画
尺寸：7 英寸 ×10 英寸
作者：亨利·索伦森
下图：皮诺小镇，混合媒介型画作
尺寸：17 英寸 ×28 英寸
作者：吕西安·斯泰尔

　　数字绘图技术常常用于透视图。目前，设计师们都是用透视图来传达设计意图，这种现象比以往任何时候都要普遍得多。但是，有时候不遵循透视原理的图像却能够更好地引发观众的情感共鸣，带领观众进入一个幻境般的潜意识世界。古斯塔夫·克里姆特和乔治·德·基里科两位艺术家的作品就属于此类图像。

　　在亨利·索伦森构思巧妙的画作（图 11.6 上图）中，克制而内敛的线条和颜色运用传神地表现了意大利山城的典型特征。正是这些喜欢抽象表达法的 20 世纪艺术家，用他们的作品引导我们用新眼光来观察我们所处的环境。

　　建筑师吕西安·斯泰尔这幅异想天开的作品（图 11.6 下图）描绘的都市景象是一种"虚构的景象"，需要依靠某种身体感官来想象，而非体验。斯泰尔极具个性的画风挑战了我们对于建筑的正常预期，让我们去思考其关于传统城镇和城市基本构成元素的理念。

例图集锦

图 11.7
上图：克朗楼翻修方案，数字图像
尺寸：2600 像素 ×4000 像素　作者：本书作者
中图：萨杜恩、韦斯巴芗与肯考迪娅神庙，数字图像
尺寸：3800 像素 ×5000 像素　作者：本书作者
下图：奥斯陆歌剧院外观，数字图像
尺寸：2200 像素 ×4000 像素　作者：AMD 工作室

有些主题或者无法用传统的绘图方法表现，或者需要用超然而又客观的表现手法才能得以有效传达。

图 11.7 上图这幅幻想画作表现的是对密斯·凡·德罗设计的伊利诺伊理工学院克朗楼的一个翻修方案。如果这个方案图采用的是水彩画或铅笔画这种更富主观性的绘图手法，那么产生的影响就会大打折扣。

布扎艺术（Beaux-Arts）派建筑师很少运用透视图，因为在采用传统绘图技法时，想要刻画出装饰物或圆柱上精致的凹槽，是一项考验绘画技艺的艰巨任务。如今幸好有了计算机，这个工作变得容易多了。

AMD 工作室提供的这幅画作（图 11.7 下图）有种超凡脱俗的感觉，完美说明了何种建筑设计图借助计算机建模才能完成，而无法采用其他绘图方法。

217

例图集锦

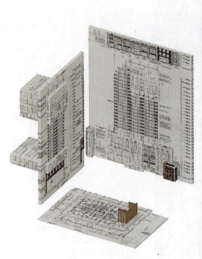

图 11.8
上图：弗莱尔大厦（芝加哥），数字图像，鸟瞰图
尺寸：4500 像素 ×3100 像素，作者：安图诺维奇建筑公司（Antunovich Associates）
中图：弗莱尔大厦泳池
尺寸：2600 像素 ×4500 像素
作者：本书作者
下图：安图诺维奇建筑公司提供的泳池照片

　　施工图的数字复制图可以当作底图，然后在此基础上建立三维模型，如图 11.8 所示。在制图时使用计算机，是因为计算机能够生成任何位置的逼真透视图，模拟出一天中任何时候的天气状况。在这些插图完成一年后，建筑师将完工的泳池照片发给了本书作者。

图 11.9
上图：芝加哥某酒店设计提案
合成图像，照片中插入数字模型
下图：同上图，水彩画
尺寸：10 英寸 ×8 英寸
作者：本书作者

去芝加哥旅行的朋友到了密歇根大街桥可能会认出图 11.9 中的景象。在本图中，提供给本书作者的立面图被粘贴在数字体块模型的各个面上。有些三维建模软件程序现在会提供一些工具，能够将数字模型的透视图与照片的透视图准确无误地匹配起来。

例图集锦

图 11.10
上图：滨水开发区设计方案（迪拜），数字模型的屏幕截图
作者：吕西安·拉格兰奇建筑公司（Lucien LaGrange Architects）
中图：同上图，用 Photoshop 完善的数字模型
下图：同上图，水彩画
尺寸：12 英寸 ×18 英寸
作者：本书作者

　　水彩是一种不容易成功的绘画媒介，如果要生成一种或多种色稿图，水彩有时候很有用处。在图 11.10 中，数字体块模型用于评估太阳所处的最佳角度和位置。画作被导入 Photoshop 中，添加天空，利用触控笔和手绘平板进行手工绘图，进一步研究可能的配色和光照方案。这个过程用时不到 30 分钟，很快就能完成。和客户探讨完色稿之后——在本例中，有些建筑的颜色进行了更改——水彩终稿图就可以完成了。

例图集锦

图 11.11
上图：理论探讨
下图：Exostra V
作者：丹尼斯·阿兰

　　图 11.11 的作者丹尼斯·阿兰近年来在利用数字软件形成个人设计风格方面应该算是一位先行者。他依然会在纸上画草图，而图 11.11 中的上图展示了他如何在构思过程中将数字徒手绘图和三维建模结合起来。在下图中，利用边线构图，利用纸张肌理充当天空纹理这种微妙的效果，则会让人想起传统绘图手法。

例图集锦

图 11.12
从上往下，依次为：
厦门湖心岛（中国），计算机模型与徒手绘制的草图
罗伯特·斯特恩建筑公司（Robert A. M. Stern Architects）提供的照片
厦门湖心岛，硬笔线描与水彩画
尺寸：5 英寸 ×12 英寸
作者：本书作者

　　简单的体块模型可以充当手绘描图的衬底图像。这种方法充分利用了传统绘图和数字绘图的长处：透视图很准确，而手绘草图则保留了直觉性和自发性。如图 11.12 所示，负责设计的建筑师在数字模型的打印图基础上绘制了粗略的草图。本书作者则在黄色素描纸上对这个草图进行阐释和完善。线稿图终稿被通过之后，进行扫描，然后用防水的不褪色的墨水打印在 300 磅（638 克 / 平方米）水彩纸上，复制铅笔线稿图，用于后续的水彩上色。线稿图和水彩图尺寸都要小一些，这样才能在一天之内完成整个绘图过程。

例图集锦

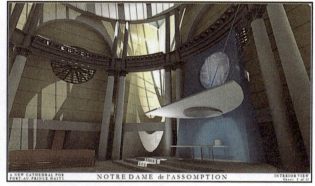
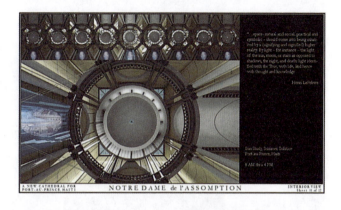

图 11.13
教堂设计大赛（海地），经过 Photoshop 修图的数字模型图
尺寸：3500 像素 ×1850 像素
本书作者设计并绘制

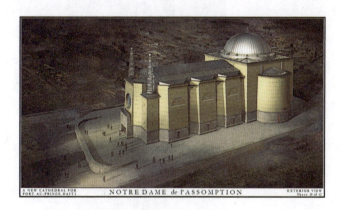

　　三维建模的另一个优点是一些软件程序能够模拟出反射光。在这件参赛作品中，教堂内部基本都被反射的太阳光线照亮了。那些对建筑现象学感兴趣的建筑师如今拥有一个强大的工具，可以探索第四、第五甚至第六维度，包括运动、风，甚至重力。

例图集锦

图 11.14
上图：塞佛留斯牌坊（罗马），绘于水彩纸上的铅笔画，计算机上色
尺寸：10 英寸 ×14 英寸　作者：本书作者
下图：总督宫（威尼斯），绘于水彩纸上的铅笔画，计算机上色
尺寸：10 英寸 ×14 英寸　作者：本书作者

例图 11.14 最早是在现场创作的，用铅笔绘于水彩纸上，原打算后面在工作室中上色。后来，这些画稿最终还是被扫描到计算机上，用 Photoshop 上色。两幅上色图稿之间的差异在于上色过程所需时间的长短。罗马塞佛留斯牌坊那幅图的上色时间不足 30 分钟，所用工具包括数个蒙版和径向渐变工具。给总督宫的大门上色花费了大约一天时间，并且使用了更多的工具和技法。如果总督宫这幅画用传统方法上色的话，大概也需要花费那么多时间，但用 Photoshop 显然具有优点。首先，利用历史记录和图层工具可以撤回错误的操作，更容易进行修改。其次，利用 Photoshop 上色可以让图像呈现出一种独特的感觉，而这是传统方法无法做到的。我常常想到数字技术是无法创造出实体艺术品的，正因为如此，我坚信用档案纸和档案墨水打印一份完稿图至关重要。

例图集锦

学生作品

图 11.15
上图：剧院设计提案（印第安纳州哥伦布市），传统线条画，数字色彩
作者：丹尼尔·奥斯腾多夫
下图：华盛顿特区国家诗歌中心设计提案，传统线条画，数字色彩
作者：蒂莫西·奥哈拉

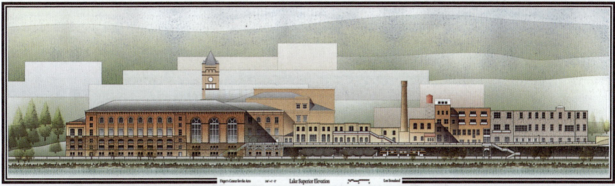

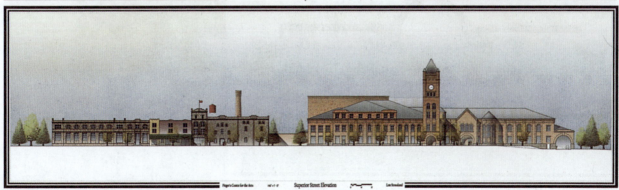

图 11.16
（毕业设计项目）菲杰斯艺术中心，计算机辅助设计图，数字色彩
作者：朗·斯道思兰

例图集锦

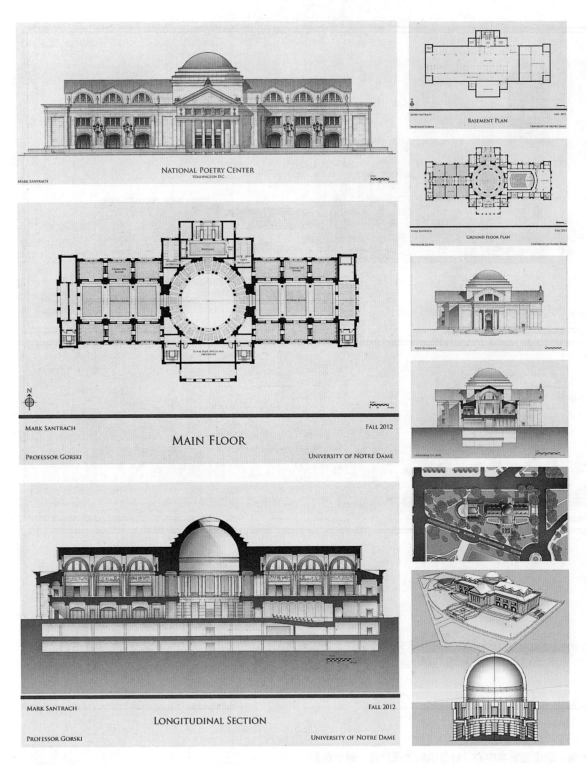

图 11.17
华盛顿特区国家诗歌中心设计提案，传统线条画，数字色彩
作者：马克·桑切奇

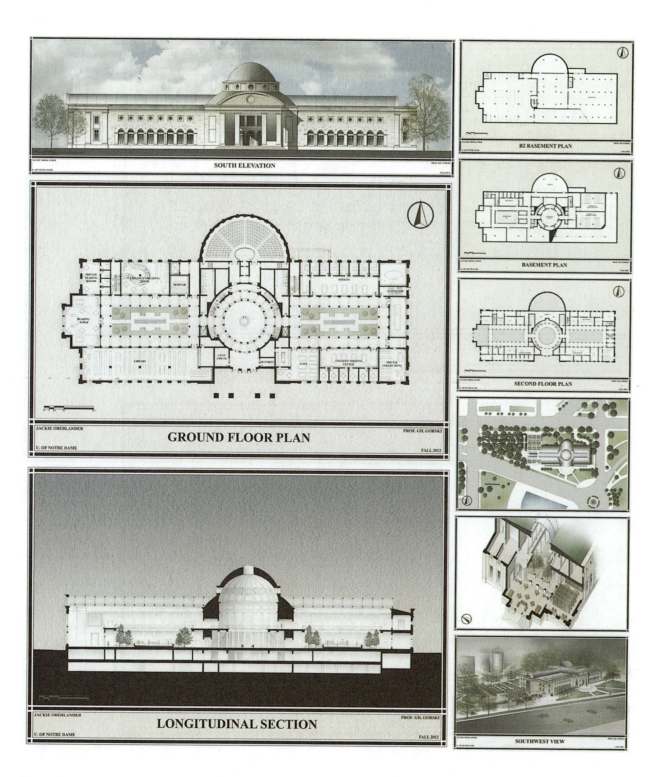

图 11.18
华盛顿特区国家诗歌中心设计提案，传统线条画，数字色彩
作者：杰奎琳·奥伯兰德

例图集锦

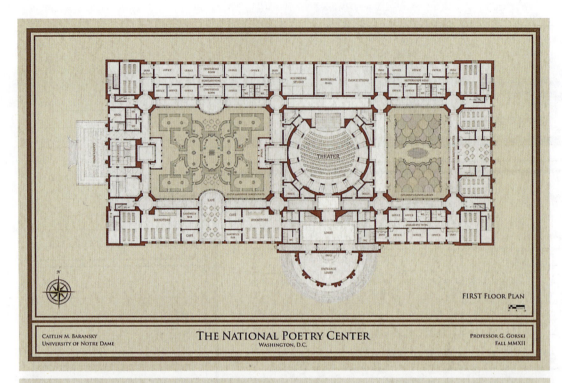

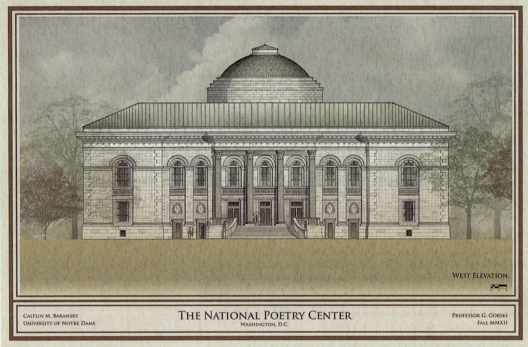

图 11.19
华盛顿特区国家诗歌中心设计提案,传统线条画,数字色彩
作者:凯特琳·巴兰斯基

图 11.20
多单元住宅项目
作者：蒂莫西·奥哈拉

例图集锦

图 11.21
上图：阿维尼达项目　作者：丹尼尔·萨科
下图：哈瓦那海事博物馆　作者：马克·德桑蒂斯

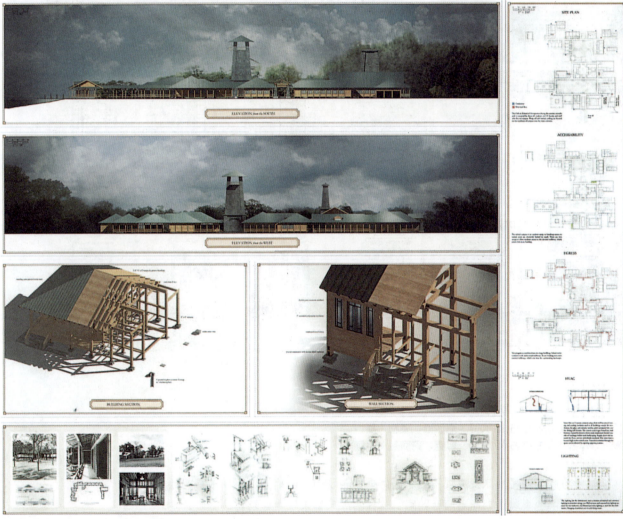

图 11.22
上图：（毕业设计项目）美国北达科他州一座新兴城市的酒店，计算机辅助设计图，数字色彩　作者：瑞安·纳尔逊
下图：（毕业设计项目）Ox-Bow 艺术学院新的设计提案（美国密歇根州索戈塔克）　作者：亚历山大·保鲁西

例图集锦

图 11.23
罗马窗
第一排作者：丹尼尔·萨科
第二排作者（从左往右）：大卫·海耶斯、泰勒·斯坦
第三排作者（从左往右）：马修·库克、玛丽亚·哈蒙

　　如果想要具备将尚未变成现实的想法用画作表现出来的能力，不妨多练习绘画现实生活中的事物或对着照片绘画。这样的练习要求学生能够将一幅照片临摹出来，首先用水彩技法，然后用数字技术。能够熟练使用水彩技法之后，就可以开始学习如何使用 Photoshop，这时许多学生会惊讶地发现能够用数字技术获得相似的绘画效果，而且只需花费很少的时间。

附录
建筑配景参考图片

本书电子资源网站（www.routledge.com/9780415702263）提供人物、树木、天空、纹理等图片，购买本书者均可免费使用，不受版权限制。

人们常常忘记在建筑插图中添加配景，而许多专业插画师认为配景是一张设计图最重要的元素。配景能够赋予设计图以活力。但是，比起没有配景的设计图，如果一张设计图的配景只是一些画得很糟糕的人物、汽车和树木，让人感觉一切都是变形的，则更为糟糕。确保配景准确的最佳方法是利用照片，要么进行临摹，要么直接将其融合到自己的绘图作品中。数字绘图工具使收集和调整配景照片变得容易起来。不用担心在设计图中加入太多的人物；一幅设计图中如果只有寥寥几个人物，会让人觉得伤感。图中树木的大小比例也要注意，如果有必要的话，可以添加灌木丛、花卉、街灯和长凳。

虽然有些费时，但我们还是值得制作自己的图像文件。可以在一个单独图层上分离配景图像，或将其背景设为白色或黑色，这样被输入设计图中时，就可以快速选中并删除背景色。在拍摄的照片中，如果树木的背景是天空，那么树木是比较容易剥离出来的。利用Photoshop中的吸管、选择、删除等工具和命令将树木剥离到一个空白背景上。剥离人物图像步骤多一些，要用套索工具沿着人物边缘将其选定，以便删除人物之外的其他部分。

这里没有提到汽车图像。我的经验是，无论手里有多少汽车照片，从来找不到一张设计图所需的合适图片。因此，我在最初的数字模型中添加汽车元素，或者用接近所需图像的数字模型生成需要的汽车图像。如果还是解决不了问题，我就会带上设计图出门去停车场，选好角度拍摄所需的汽车图片。

如果使用的配景元素照片是在强光中拍摄的，要记得协调一下基底图像和配景图像的光源方向，如果两者相互抵触，只需稍微改变一下配景照片的水平方向。电子资源网站中的天空图片都避开了旭日和夕阳。虽然旭日东升和夕阳西下都很壮丽，但这等于决定了设计图描绘的对象必须是背光照明的——这并不是什么好的绘图策略。

电子资源网站中的纹理图片——线条图案和水彩块——尺寸都足够大，可以

建筑配景参考图片

和大型设计图相互匹配。别忘记使用 Photoshop 的工具,如曲线、饱和度、调整颜色,对这些图片进行微调,以满足具体的应用需要。

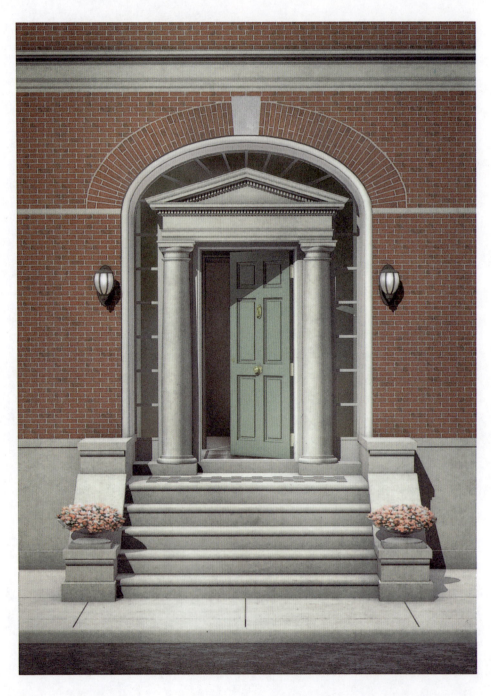

门廊习作 数字模型

参考文献

Albus, Anita, *The Art of Arts,* Alfred A. Knopf (New York), 1997/2000.

Bachelard, Gaston, *The Poetics of Space*, Beacon Press (Boston), 1958/1969.

Beckmann. John, editor, *The Virtual Dimension: Architecture, Representation, and Crash Culture*, Princeton Architectural Press (New York), 1998.

Benjamin, Walter, *Illuminations, Essays, and Reflections*, Schoken Books (New York), 1955/1969.

Berger, John, *Ways of Seeing*, British Broadcasting Corporation and Penguin Books (London), 1972.

Berger, John, *About Looking*, Vintage International (New York), 1980/1991.

Blau, Eva and Kaufman, Edward, editors, *Architecture and Its Image*, MIT Press (Cambridge, MA and London), 1989.

Borgmann, Albert, *Crossing the Postmodern Divide*, University of Chicago Press (Chicago, IL and London), 1992.

Cole, Bruce, *The Renaissance Artist at Work: From Pisano to Titian*, Harper & Row (New York), 1983.

Cook, Peter, *Drawing: The Motive Force of Architecture*, John Wiley & Sons Ltd. (Chichester), 2011.

Derne, David, *Architectural Drawing*, Laurence King Publishing (London), 2010.

Ellul, Jacques, *The Technological Society*, translated by John Wilkinson, Alfred A. Knopf, Inc. (Toronto), 1954/1964.

Evans, Robin, *Translations from Drawing to Building*, MIT Press (Cambridge, MA), 1997.

Edwards, Betty, *Drawing on the Right Side of the Brain*, J. P. Tarcher, Inc. (Los Angeles, CA), 1979.

Eisenstein, Elizabeth, *The Printing Press as an Agent of Change: Communications and Cultural Transformations in Early-Modern Europe*, Cambridge University Press (New York), 1979.

参考文献

Frascari, Marco, Hale, Jonathon, and Starkey, Bradley, editors, *From Models to Drawings: Imagination and Representation in Architecture*, Routledge (London and New York), 2007.

Gill, Brendan, *Many Masks: A Life of Frank Lloyd Wright,* Putnam (New York), 1987.

Glasser, Milton, *Drawing is Thinking,* Overlook Duckworth, Peter Mayer Publishers (New York, Woodstock and London), 2008.

Goldschmidt, Gabriela, and Porter, William editors, *Design Representation,* Springer-Verlag, (London), 2004.

Hale, Jonathon, *The Old Way of Seeing*, Houghton Mifflin Company (Boston, MA and New York), 1994.

Henri, Robert, *The Art Spirit*, Westview Press (Boulder, CO and Oxford), 1923/1984.

Johnson, Mark, T*he Meaning of the Body: Aesthetics of Human Understanding*, University of Chicago Press (Chicago, IL and London), 2007.

Kellert, Stephen, Heerwagan, Judith. and Mador, Martin. *Biophilic Design: The Theory, Science and Practice of Bringing Buildings to Life*, John Wiley & Sons Ltd (Chichester), 2008.

Lawson, Bryan, *Design in Mind*, Butterworth Architecture (Oxford), 1994.

LeFebvre, Henri, *The Production of Space*, translated by Donald Nicholson, Smith Basil Blackwell Ltd. (Oxford), 1974/1991.

Lotz, Wolfgang, *Studies in Italian Renaissance Architecture*, MIT Press (Cambridge, MA), 1977.

McElhinney, James Lancel, Faculty of the Art Students League, *The Visual Language of Drawing: Lessons on the Art of Seeing*, Sterling (New York), 2012.

McLuhan, Marshall, *Essential McLuhan*, edited by Eric McLuhan and Frank Zingrone, Basic Books (New York), 1995.

Magonigle, Harold van Buren, *Architectural Rendering in Wash*, Charles Scribner's Sons (New York), 1921.

Mallgrave, Harry Francis, *The Architect's Brain: Neuroscience, Creativity and Architecture,* John Wiley & Sons Ltd. (Chichester), 2008.

Merleau-Ponty, Maurice, *Phenomenology of Perception*, Routlege (London and New York), 1962.

Merleau-Ponty, Maurice, *The Visible and the Invisible*, Northwestern University Press (Evanston, IL), 1968.

Neidich, Warren, *Blow Up: Photography, Cinema, and the Brain*, Art Publishing, Inc. (New York), 2003.

Pallasmaa, Juhani, *The Eyes of the Skin: Architecture and the Senses*, John Wiley & Sons Ltd, (Chichester), 2005.

Pallasmaa, Juhani, *The Thinking Hand: Existential and Embodied Wisdom in Architecture*. John Wiley & Sons Ltd. (Chichester), 2009.

Pallasmaa, Juhani, *The Embodied Image: Imagination and Imagery in Architecture*, John Wiley & Sons Ltd. (Chichester), 2011.

Perez-Gomez, Alberto, and Pelletier, Louise, *Architectural Representation and the Perspective Hinge*, MIT Press (Cambridge, MA), 1997.

Pinker, Steven, *How the Mind Works*, Norton (New York), 1954.

Pinker, Steven, *The Blank Slate*, Penguin Group (New York and London), 2003.

Pollock, Sydney, *director, Sketches of Frank Gehry*, 2006.

Postman, Neil, *Technopoly: The Surrender of Culture to Technology*, Vintage Books (New York), 1992/1993.

Rasmussen, Steen Eiler, *Experiencing Architecture*, MIT Press (Cambridge, MA), 1959/2000.

Robbins, Edward, *Why Architects Draw*, MIT Press (Cambridge. MA), 1994.

Sennett, Richard, *The Craftsman*, Yale University Press (New Haven, CT and London), 2008.

Steele, James, *Architecture and Computers: Action and Reaction in the Digital Design Revolution*, Laurence King (London), 2001.

Stephens, Suzanne, "Perspective News", *Architectural Record*, 9, 2013.

Tafel, Edgar, *Apprentice to Genius: Years With Frank Lloyd Wright*, McGraw-Hill (New York), 1979.

Trachtenberg, Marvin, *Building in Time: From Giotto to Alberti and Modern Oblivion*. Yale University Press (New Haven, CT), 2010.

Treib, Marc, editor, *Drawing/Thinking: Confronting an Electronic Age*, Routledge (London and New York), 2008.

Wilson, Frank, *The Hand*, Vintage Books (New York), 1999.